国家科技进步奖获奖丛书

物理改变世界

修订版

溯源探幽
熵的世界

The World of Entropy

$S = k \log W$

冯　端　冯少彤　著

科学出版社

北京

内 容 简 介

熵是一个极其重要的物理量，但又以其难懂而闻名。本书将带你追本溯源，寻幽探微，漫游神奇的物理迷宫，领略熵的真谛。

本书着重论述熵的基本概念，分别从热力学、统计物理、分子动理论、信息论、非线性动力学、天体物理和宇宙论等不同侧面、不同层次来剖析其蕴含的意义。同时，在宽广的范围内讨论了熵在现代自然科学与技术中的应用，阐明了它所处的地位。本书内容丰富、取材新颖、文笔生动、通俗易懂，可供高等院校学生、中学教师、科技工作者以及科学爱好者阅读。

图书在版编目（CIP）数据

溯源探幽：熵的世界 / 冯端，冯少彤著. —北京：科学出版社，2016.4
（物理改变世界）
ISBN 978-7-03-047725-5

Ⅰ. ①溯… Ⅱ. ①冯… ②冯… Ⅲ. ①熵－普及读物 Ⅳ. ①O414.11-49

中国版本图书馆 CIP 数据核字（2016）第 050619 号

责任编辑：姜淑华　侯俊琳　田慧莹 / 责任校对：李　影
责任印制：赵　博 / 整体设计：黄华斌

科学出版社出版
北京东黄城根北街 16 号
邮政编码：100717
http://www.sciencep.com

天津市新科印刷有限公司印刷
科学出版社发行　各地新华书店经销

＊

2016 年 4 月第　二　版　　开本：720×1000　1/16
2025 年 1 月第十一次印刷　　印张：15 3/4　插页：4
字数：203 000

定价：48.00 元

（如有印装质量问题，我社负责调换）

早期的蒸汽机

当代的火箭发动机

圆锥星云的望远镜照片
（由宇宙大爆炸遗留的大量气体所
构成。再从气体中积聚成恒星）

湖畔雪景——水之三态
（冰，水，蒸汽）

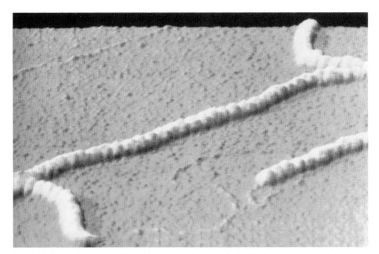

DNA 分子链的扫描隧道显微照片——细的部分为通常的 DNA，粗的部分为 DNA 与蛋白质的配位体

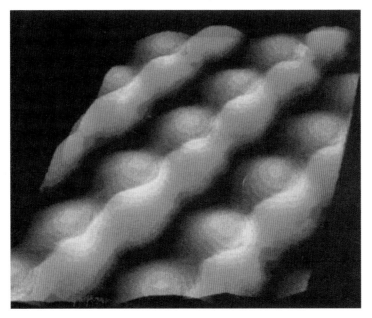

砷化镓晶体表面的原子像——扫描隧道显微照片

（绿色为镓原子，橙色为砷原子）

玻耳兹曼墓碑

丛书修订版前言

"物理改变世界"丛书由冯端、郝柏林、于渌、陆埈、章立源等著名物理学家精心创作,2005 年 7 月出版后受到社会各界广泛好评,并于 2007 年一举荣获国家科学技术进步奖,帮助我社首次获此殊荣。丛书还多次重印,在海内外产生了广泛的影响,成为双效益科普图书的典范。

物理学是最重要的基础科学,诸多物理学成就极大地丰富了人们对世界的认知,有力地推动了人类文明的进步和经济社会的发展。丛书将物理学知识与历史、艺术、思想及科学精神融会贯通,受到科技工作者和大众读者的高度评价,近年库存不足后有不少读者通过各种方式表达了对再版的期待。

在各位作者的大力支持下,本次再版对部分内容进行了更新和修订,丛书在内容和形式上都更加完善,也能更好地传承这些物理学大师博学厚德、严谨求真的精神,希望有越来越多的年轻人热爱科学,努力用科学改变世界,创造人类更加美好的未来。

同时,我们也以此纪念和告慰已经离开我们的陆埈院士。

编者

2016 年 3 月

丛 书 序

20 世纪是科技创新的世纪。

20 世纪上叶，物理界出现了前所未见的观念和思潮，为现代科学的发展打下了坚实的基础。接着，一波又一波的科技突破，全面改造了经济、文化和社会，把世界推进了崭新的时代。进入 21 世纪，科技发展的势头有增无减，无穷尽的新知识正在静候着青年们去追求、发现和运用。

早在 1978 年——我国改革开放起步之际，一些老一辈的物理学家就看到"科教兴国"的必然性。他们深知科技力量的建立必须来自各方各面，不能单靠少数精英。再说，精英本身产生于高素质的温床。群众的知识面要广、教育水平高，才会不断出现拔尖的人才。科普读物的重要性不言而喻。"物理学基础知识丛书"的编辑和出版，是在这种共识下发动的。当时在一群老前辈跟前还是"小伙子"的我，虽然身在美国，但是经常回来与科学院的同事们交往、切磋，感受到老前辈们高尚的风格和无私的热情，也就斗胆参加了他们的队伍。

一瞬间，27 年就这样过去了。这 27 年来，我国出现了惊人的、可喜的变迁，用"天翻地覆"来形容，并不过甚。虽然老一辈的物理学家已经退的退了、走的走了，他们当时的共识却深入人心。科学的地位在很多领域里达到了高峰；科普的重要性更加显著。可是在新的经济形势下，愿意投入心血撰写科普读物的在职教授专家，看来反而少了。或许"物理改变世界"这套修订再版的丛书，能够为青年学子和社会人士——包括政界、工商界、文化界的决策层——提供一些扎实而有趣的参考读物，重燃科普的当年火头。

2005 年是"世界物理年"。低头想想，我们这个 13 亿人口的大国，为现代物理所做的贡献，实在不算很多。归根结底还是群众的科学底子太薄；而经济起飞当前，不少有识之士又过分急功近利。或许在这当儿发行一些高质量的科普读物能够加强公众对物理的认识，从而激励对基础科学的热情。

这一次在"物理改变世界"名下发行的 5 本书，是编辑们从 22 种"物理学基础知识丛书"里精选出来的，可以说是代表了"物理学基础知识丛书"作者和编委的心声。于渌、郝柏林、冯端、陆埮等都是当年常见的好朋友。见其文如见其人，我在急促期待中再次阅读了他们的大作，重温了多年来给行政工作淹没几尽的物理知识。

这一批应该只是个开端。但愿"物理改变世界"得到年轻一代的支持、推动和参与，在为国为民为专业的情怀下，书种越出越多，内容越写越好。

吴家玮

香港科技大学创校校长

2005 年 6 月

前　言

熵是一个极其重要的物理量，但却又以其难懂而闻名于世。克劳修斯于 1865 年首先引入它，用来定量地阐明热力学第二定律。正如克劳修斯本人所说的："在头脑中掌握第二定律要比第一定律困难得多。"这样，他从明确地表述第二定律到正式引入熵的概念，足足经历了 15 个春秋。后来，玻耳兹曼于 1872 年推导了玻耳兹曼方程式和 **H** 定理；于 1877 年隐指了玻耳兹曼关系式，赋予了熵的统计解释，大大地丰富了它的物理内涵，明确了它的应用范围。到 1929 年，西拉德又发现了熵与信息的关系，揭示了熵含意的新层次，进一步扩大了熵的应用面。1958 年，柯耳莫古洛夫又将动力学熵的概念引入了非线性动力学之中，成为处理复杂性问题的一个工具。目前，不仅在自然科学与工程技术的许多领域，如物理学、化学、生物学、信息科学与工程、动力工程及致冷工程等，会遇到熵的踪迹，就是在社会科学甚至人文科学的书籍与文章中，也经常会碰见熵这一名词。英国作家史诺（C.P.Snow）在他的有关《两种文化》的两次演讲中都曾经谈及：人文知识分子不懂热力学第二定律，就好像科学家未读过莎士比亚一样令人遗憾。他还说："这个定律是一个最深刻、最普遍的定律。它有着自身忧郁的美，像所有重要的科学定律一样，引起人们的崇敬之情。"由于熵的概念比较抽象隐晦，它既广泛地为人们所应用，也就难免不为有些人所滥用。我们撰写本书的目的就在于，用通俗易懂的语言来向广大读者介绍熵的概念，而在坚持科学性上却毫不含糊，力求正确无误。讲述的内容也大体依循了历史发展的顺序：头两章介绍了第二定律在热力学中的地位以及在热力学范围内熵的含意；第三、四两章着重讨论了熵在统计物理学及分子动力论中的意义，给予熵以概率论的诠释，并通过有序无序相变的事例阐述了熵在物相转变中所起的作用，除了通常固体中的问题外，也说明了熵在软物质中的独特作用；第五、六章讨论了熵在非平衡态中的作用，深入探讨了熵作为时间之矢的问题；在第七、八两章中，重点讨论了低温技术、低温物理和热力学第三定律，也介绍了量子统计及一些低熵相的物理本质；然后，在第九章中引入麦克斯韦妖，用来阐述熵与信息的关系、熵在信息论和生物遗传中的意义；最后一章讨论了一些与熵有关但至今尚未完全解决的问题，强调了动力学、统计力学与热力学之间的相互关系和密切联系，以及非线性动力学的发展带来的新的洞见和挑战，用以说明对熵的某些研究直到今天还有其现实意义。至于有不少人将熵的概念应用于社会科学，乃至于人文科学之中，一般采用隐喻类比的方法，缺乏严格的科学性，本书就略而不论。

本书是1991年冯端与冯步云所撰写的《熵》这本书的修改版。在保持原书基本框架的基础上，尽可能增补一些新的内容。例如本书的第四章就是原书所没有的，除了较传统的问题之外，还着重讨论了软物质科学研究带来的新问题，如熵致相变与熵致形变，乃至于蛋白质分子的折叠问题；在第七章中增补了有关激光致冷的原理与技术的介绍；第八章增加了关于玻色-爱因斯坦凝聚的介绍，并对超流性与超导性的介绍进行了改写；对第十章也进行了较大幅度的改写，更加充分地论述了动力学与统计力学的关系，阐述了可逆的动力学规律与不可逆的非平衡态统计力学之间的矛盾是如何化解的。

本书在撰写过程中，与陆埮教授进行了有益的讨论；承赵凯华教授提供玻耳兹曼墓碑的照片，王义道教授和陈涌教授提供参考资料，朱竹青先生绘制了部分插图，特此致谢！

由于书中谈论的问题范围广泛，涉及众多的学科和技术领域。因此，在叙述中难免出现这样或那样的错误，而且在讨论中必然会流露出我们对某些问题所持的观点，这也可能是有争议的。所以我们殷切希望广大读者和有关领域的专家对本书给予批评和指正。

冯　端　冯少彤

2004 年 12 月

目 录

第一章
缘起——蒸汽机带来的学问

自然科学与应用技术之间存在着相互促进的关系，这已是人所共知、毋庸置疑的。但在具体问题上如何相互促进，却是在不同的时期、不同的学科，存在多种范式。有的是自然科学先行一步，揭示了科学规律，然后再付诸实施，建立了崭新的工业。例如，19世纪电磁学，基本上是在实验室里建立起来的，在此基础上，诞生了电机工程和无线电技术。另一类情况是，由于经济发展的需要，应用技术先行一步，继而推动自然科学的发展，再反馈到技术中去，促使技术登上一个新的台阶。热机技术与热力学之间的关系即属于后一类。我们的主题"熵"亦是首先在热力学中建立起来的关键概念，进而广泛应用于自然科学的各个领域之中。

19世纪的工业社会，建立在蒸汽机技术的基础之上。这是人类自从使用火以后，在改造自然方面所取得的重大胜利，广泛地使用蒸汽机成了第一次工业革命的主要标志。当时，卡诺（S.Carnot）欣喜地预言："蒸汽机极为重要，其用途将不断扩大，而且看来注定要给文明世界带来一场伟大的革命。"历史充分证实了这一点。事实上，正是在蒸汽机不断改进和完善的经验基础上，热力学才得以建立；当然反过来热力学又促进了蒸汽机和其他热机技术的发展。目前，蒸汽机正在退出工业技术的历史舞台，早年的蒸汽机火车头已经成为博物馆收藏的珍品，但从历史的观点来看，蒸汽机之功不可没!

好!就让我们从蒸汽机说起吧!

来自实践——瓦特与蒸汽机

说起蒸汽机，人们首先想到的一定是瓦特（J.Watt），瓦特使蒸汽机真正成为动力。然而，瓦特并不是一位孤立的英雄，在他之前就有好几位先驱者，如 1681 年发明巴本锅的巴本（D.Papin）；制造出在矿井内抽水的蒸汽泵的塞维利（T.Savery）；1705 年改进蒸汽泵为蒸汽机的纽可门（T.Newcomon），等等。在瓦特之后，也还有不计其数的后继者。耐人寻味的是，这些先驱者，有一个共同点，要么是工匠，要么是技师，都是专门与实践打交道的人。这并非偶然的巧合，考虑到当时的历史背景，可以说是一种历史的必然。

谈到瓦特，有一个流传很广的故事，说幼年时的瓦特看到炉子上水壶里的水开了，盖子被蒸汽掀动，不停地上下跳跃，噗噗地响，很感奇怪，想了很久，竟忘了吃饭。由此他认识了蒸汽的力量，发明了蒸汽机。

图 1.1　瓦特的传说故事

我们当然不必去认真考证这个故事是否真实，其细节是否可信。这个故事和牛顿看到苹果落地悟出万有引力的故事如出一辙：反映了一般人对于形象思维的偏爱，即使在自然科学领域中亦复如此。可以肯定的是，瓦特专心研究蒸汽，矢志造出新式蒸汽机，以及其新式蒸汽机的独特设想，与这故事中水壶盖的行为相吻合，充分说明瓦特之所以能由一个普通的修理工而成为创造蒸汽机的大师，细于观察，勤于实践，锐意革新，不能说不是一个重要因素。

瓦特不断改进前人和他自己的机器：给蒸汽机增添了冷凝器，继而使机器的断续动作变为连续工作；发明了活塞阀，又变活塞的往复运动为旋转运动；增加飞轮和离心节速器……为 18 世纪末现代蒸汽机的问世，做出了重要贡献。从而蒸汽机获得了巨大的成功：1785 年被用于纺织工业，1807 年被应用于轮船，1825 年被应用于火车。

当务之急——提高蒸汽机效率

蒸汽机使人类摆脱了以人力和畜力为主要动力的时代，进入了火热的工业社会，特别是在工业社会的前期，蒸汽机几乎成为主要的动力来源。随着 19 世纪的到来，英伦三岛开风气之先，继而普及到西欧与北美。但蒸汽机固有的使用效率低（当时蒸汽机效率一般只能利用能量的 5%～8%）、笨重及其他种种弱点暴露无遗，阻碍了蒸汽机的广泛应用。于是，很自然地提出了热机效率提高的问题，促使人们对有关物质热性质、热现象的规律作深入的研究，不少科学家和工程师将探索的目光投向了理论，开始由根本上来研究蒸汽机（或一般热机）的效率，拓宽了科学的视野，诞生了热力学。

为更好地理解这一点，我们不妨以蒸汽机为例，分析一般热机的工作原理，探讨热机效率之意义。

如图 1.2 所示，锅炉 A 中的水受到高温热源加热后，变为蒸汽进入过热器 B 中继续加热，变为高温高压的蒸汽；然后进入汽缸 C 中绝热膨胀，推动活塞对外做功，出来的低压蒸汽进入冷凝器 D，向低温热源放热冷凝为水，水重新进入锅炉加热，如此周而复始地循环。水作为工作物质，从高温热源吸热，同时也向低温热源放出部分热，余下能量在汽缸中对外作了机械功。

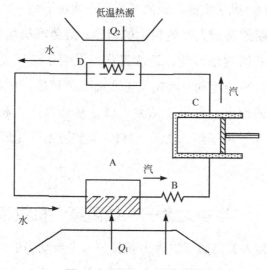

图 1.2 蒸汽机工作原理图

此即蒸汽机工作的主要过程，它概括了一切热机的主要特征。剖析之，可以看出，正因为热机不可能把从高温热源吸的热全部转化为功，就必然要研究它从高温热源吸收的热 Q 中，有多少能转化为功 W 的问题。如此，定义热机效率为：

$$\eta = \frac{W}{Q_1}$$

分子要大，分母要小，多么美好的愿望!然而毕竟只是愿望。高效率能否实现？如何实现？效率是否有最高限？……众多的问题期望着答案，看来没有理论是不行了!

理想化入手——卡诺的贡献

1824 年，年仅 28 岁的法国工程师卡诺，以年轻人特有的大胆设想和敏锐思维，一下子抓住了问题的关键，做出了非凡的贡献。在《关于火的动力及专门产生这种动力的机器的见解》的小册子中，卡诺将其注意力集中于一点：在热机中，作功不仅以消耗热量为代价，也与热量从热的物体向冷的物体的传递有关。因而没有冷的物体，热量就不能被利用。用卡诺自己的话来说：

> 单独提供热不足以给出推动力，必须还要有冷。没有冷，热将是无用的。

正如没有落差，水力就无法利用一样。卡诺敏锐地注意到，一个蒸汽机所产生的机械功，在原则上有赖于锅炉和冷凝器之间的温度差。他采用科学抽象的方法，在错综复杂的客观事物中建立起理想化的模型，即所谓的"卡诺热机"。恩格斯曾说：

> 他撇开了这些对主要过程无关紧要的次要情况，而构造了一部理想的蒸汽机（或煤气机），这样一部机器就像几何学上的线和面一样是决不能制造出来的。但是它按照自己的方式起了像这些数学抽象所起的同样的作用，它表现纯粹的、独立的、真正的过程①。

卡诺热机与其他物理学的抽象概念（如质点、刚体、理想流体、绝对黑体等）一样，都是从客观事物高度概括出来的理想客体。虽不能为感觉所直接感知，但却能更真实、更普遍地反映出客观事物的本质特征。

---

① 马克思、恩格斯全集，第 3 卷，人民出版社，1966 年，第 590 页。

图 1.3　卡诺（1796～1832）

卡诺利用循环过程来研究有关问题，创造了研究热力学的一种独特方法。将热机的工作加以理想化包含了工作物质状态的变化，升温与降温，膨胀与收缩，与周围环境的热交换和推动活塞做功，如此周而复始，一切又重新开始。将封闭在汽缸里的工作物质（一般是气体）称为系统，它的状态可以用压强 p，体积 V，温度 T 来描述。系统置放了一定时间后，就达到平衡态，其压强和温度都趋于均一。系统和环境的界壁既可以是透热的，即系统可以和周围环境建立热平衡，温度相等；也可以设想是绝热的，系统的温度与环境温度无关。系统状态变化的过程可以设想以缓慢的速度来进行，因而在这一变化过程中，系统和外界都近似保持热平衡的状态。例如，压缩气体时，使外压强 $p^{(e)}$ 略微大于气体压强；而气体膨胀时，$p^{(e)}$ 略微小于 p（图 1.4）；在无限缓慢的极限状态，这两个过程可视为沿同一路径而方向相反。这一过程就是可逆过程。这样，平衡与变化这一对矛盾，就在热力学的可逆过程的框架中被统一起来了。

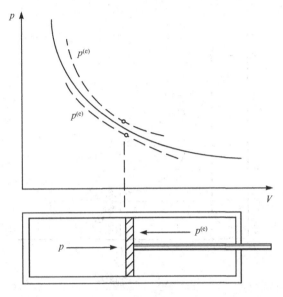

图 1.4 汽缸和状态图

借此，克拉珀龙（B.P.E.Clapeyron）应用瓦特设计的示功图，对于卡诺的理论做出了解析和图解的表述。这里所说的"卡诺热机"是指：假设工作物质只与两个恒温热源（恒定温度的高温热源、低温热源）交换热量并对外作功，忽略散热、漏气等次要因素，而来探讨这一理想的情况。卡诺给出了至关重要的卡诺定理：所有工作于同温热源与同温冷源之间的热机，以可逆热机的效率为最大，而可逆热机的效率正比于高低温热源的温度差。于是，在热机理论和制造上提供了一个可资借鉴的最大热效率极限，原则上指出了提高热机效率的正确途径：提高高低温热源间的温度差，并使工作过程尽可能接近于可逆热机。尤为重要的是卡诺定理清楚地表明了卡诺的非凡见解：热机的热效率与工作物质无关，仅取决于两个热源的温度差。于是，我们就从热机框架之中隐约窥见了作为自然界规律的热力学定律（图 1.5）。

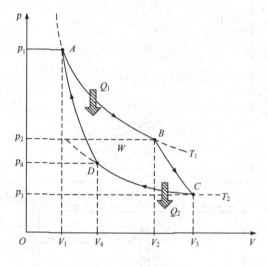

图 1.5　卡诺循环

应该指出，卡诺在 1824 年的著作中还没有完全摆脱热素说的束缚。他于 1832 年患霍乱不幸去世，许多文稿同遗体一起埋葬了。直到 1878 年，卡诺的部分遗稿发表了。写于 1824～1826 年间的笔记中清楚地表明了，卡诺认识到热与功具有当量关系，并对其数值进行了估计，显示他已经走到能量守恒定律的边缘。联系到卡诺一系列卓有成效的工作，人们不禁要为这位天才的早逝深感惋惜。如果天假以年，他极有可能成为能量守恒定律（热力学第一定律）与后来的热力学第二定律的共同缔造者。

卡诺的另一巨大遗产是为热机的改进提供了必要的理论基础。

基于热机热效率与工作物质无关，仅取决于二热源温度差的理论，使得改进有了目标，有了着手处：由于低温热源温度相当于环境温度，要紧的是提高高温热源的温度；还可以放弃蒸汽作为工作物质，而尽可能采用接近于理想的气体……考虑一个绝热系统，工作物质的温度降低是由其体积膨胀引起的，采用增大缸体容积或提高气压的方法就可实现，这导致了二级膨胀式蒸汽机的发明和改进，在各项性能方面都取得显著效果。鉴于理想气体的热容比水蒸气小得多，而空气最接近于理想气体，因此如果用空气作工作物质，冷却速度一定比水蒸气快。卡诺预言了以空气为工作物质的热机和将燃气与空气混合物压缩打火的内燃机，直接推动了热机的改进和发展。1852 年，瑞典发明家埃里克森（J.Ericson）进一步将其付诸于实践，实现了卡诺所预言的高效蒸汽机：热空气推动活塞的新型热机建成；而卡诺所预言的内燃机又是戴姆勒（G.Daimler）于 1885 年制成的汽油机和狄塞尔（R.Diesel）于 1897 年制成的柴油机的先导。到 20 世纪，蒸汽机的效率虽已提高到 15%，但还是难与其他热机竞争。汽油内燃机的效率达到 40%；而利用燃烧高热燃料直接驱动的燃气涡轮机，燃气温度可高达 1400℃，效率可接近 50%（见图 1.6）。这些事实又一次证实了一个平凡的真理：理论产生于实践，再反过来指导实践，促进生产发展。

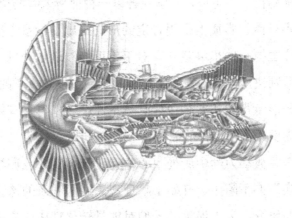

图 1.6　将热转换为功的当代喷气发动机

放之四海皆准——能量守恒

远在热力学第一定律建立之前，人们为了满足生产对于动力日益增多的要求，曾试图制造所谓"永动机"：不需要任何动力和燃料，却能不断对外做功。

"永动机"之幻想如此美妙，使多少人沉醉、向往，当时曾掀起了一股热潮。在这个幻想指引之下，有许多人热衷于此道，为之奋斗，竭心尽智。阿基米德原理、毛细现象、重力的作用等等都搬了出来，各显其能。一张张漂亮的设计图纸，一架架似乎无懈可击的永动机模型牵动着无数人的心。然而，事与愿违，这只能是一场幻梦——各种各样"永动机"的设计在实践中无不以失败而告终。

千万次的失败使一些醉心于发明永动机的人头脑冷静下来，不再盲目行动。他们在思索、寻找失败的症结所在，问一个为什么？从长期积累的经验中，逐步认识到制造永动机的企图是没有成功希望的。1775 年法国科学院宣布不再接受审查关于永动机的发明，就是一个例证。

人类开始走出幻境，面向现实。

基于永动机之不可能，科学视野以一种前所未有的速度在扩展。永动机之不可能，实质上是用否定的形式提出了能量守恒的基本思想。能量守恒原理的最终建立，对于不可能制造永动机，给予了科学上的最后判决，使人们摆脱了迷梦，从而，以掌握了的自然规律，去研究各种能量形式相互转化的具体条件，以求得最有效地利用自然界所能提供的多种多样的能源。

能量在经典动力学中所处中心位置这一事实，我们早已知道，对于"转换"亦不陌生。开始于物理现象之间联系的探索，尤其是能量转化的研究，大大促进了人们对能量转化规律的认识。蒸汽机是热能转化为机械能的典型例子。还有化学能、电磁能和辐射能等各种能量之间相互转化陆续被发现……

毋庸置疑，正是永动机不可能实现的确认和各种物理现象之间的普遍联系的发现，导致了能量守恒定律的最后确立。回顾这一作为 19 世纪物理学最伟大的概括的确立过程，涉及许多科学家的工作，其中最主要的当推迈耶（R.Meyer）、焦耳（J.P.Joule）和亥姆霍兹（H.von Helmholtz）三位伟大的科学家。

令人深思的是，就素养、气质和科学风格而言，这三位伟大的科学家迥然不同。迈耶称得上是一个天才的发现者，他没有经历过物理学的正规训练，可以说是一位自然博物学家，但思维敏捷、视野宽广、善于总结。是他具体论述了机械能、热能、化学能、电磁能、辐射能之间的相互转化；是他最早勾画出了能量守恒定律的主要轮廓。焦耳是一位孜孜不倦的实验物理学家，通过精确测量热功当量，奠定了能量守恒定律的实验基础。但他显然缺乏迈耶那种从不同现象中概括出共同的规律的恢宏气度。而亥姆霍兹则给出了能量守恒定律明确的数学表述，不足之处在于没有完全超脱力学的范畴，接下来的推广也缺乏实验论证。然而，就是这些各不相同、情况各异的科学家们的共同努力，在1842~1847年间确立了能量守恒定律。

从此，在眩人耳目的众多新发现中，一个统一的因素被发现出来，贯穿于物理、化学和生物系统所经历的各种各样的变化之中的能量守恒，为这些新过程的解释提供了指导性的原则，使物理学进入了成熟期。

如果要对能量守恒定律的发现论功行赏的话，除了要为这些人所共知的有杰出贡献的科学家树碑立传外，还应建一个无名英雄的纪念碑，其上最合适的铭文将是"纪念为实现永动机奋斗而失败的人们"。虽则他们的奋斗目标是荒谬的，但如果没有他们的彻底失败，就不可能建立能量守恒定律。这样，他们饱受冷嘲热讽的无效劳动才得到了些许报偿。

剩下的问题，就是用热力学的语言来表述能量守恒定律，这就是热力学第一定律。具体表述之关键，在于引入一个新的热力学态函数，内能 U。在态2与态1间的内能差

$$U_2 - U_1 = Q - W$$

图 1.7　三将功成万骨枯

（自左至右分别是：亥姆霍兹，焦耳，迈耶）

Q 表示系统与外界交换的热量。当热量注入系统，Q 取正号；W 表示对外做的功。这里采用的符号习惯与热机的惯例相同。如果经历一个循环，回复到初态，那么 $Q=W$。若系统不从环境（外界）吸收热量，就不可能对外做功。这就从根本上否定了永动机的存在。

应该指出，流入的热量 Q 与系统对外所做功 W，涉及的是系统和环境的能量交换，但都不是系统的固有量，因而不是系统的状态函数。迄今为止，我们只介绍了四个热力学的态函数 p，V，T，U。这四个量恰好分为两组：一组是所谓的"强度量"，系统的整体和各个部分都具有相同的值，p 与 T 属之；另一组是所谓的"广延量"，系统的整体值相当于各部分值的总和，V 与 U 属之。

当然，热力学第一定律只是在宏观范围内表述了能量守恒定律。事实上能量守恒定律对于一切微观过程也是成立的。但这就越出了热力学第一定律的范围。

从微观的角度来看，系统的内能无非是系统中所有分子（或原子）的动能与势能的总和，用公式来表示为

$$U = \sum_{i=1}^{N} \frac{1}{2} m_i v_i^2 + \frac{1}{2} \sum_{i} \sum_{j \neq i} V_{ij}$$

这里的 N 为总分子数，m_i 与 v_i 分别为第 i 个分子的质量与速率，V_{ij} 为第 i 个分子与第 j 个分子的互作用势能，在 V_{ij} 叠加时，每个 V_{ij} 的值计算了两次，所以前面要乘上 1/2 因子。

走向绝对——热力学温度

谈到热力学平衡态，有一个极其重要的物理量与其息息相关，密不可分，这就是温度。温度是我们日常生活中熟知的一个概念，但在热力学中，则有很深的含意。值得注意的是，热力学第一定律的表述中，却看不到温度的踪影，虽说温度是直接描述系统的热性质的参量。温度是一个极其特别的物理量，热力学之名就突出表现了温度在这门科学中的特殊重要地位。

温度这个概念是由人们对冷热的感受而引入的。相互接触的两个物体在到达热平衡态后温度就变得相等。表征物体冷热程度的物理量，是对温度概念的通俗理解，当然这仅限于直觉阶段。而较为严格的温度定义，是建立在热平衡的基础上的：两个互为热平衡的物体，其温度相等，由此给出了一个态函数——温度。从平衡态的现象可以知道，无论多少个物体互相接触都能达到平衡，而温度作为标志一个物体是否同其他物体处于热平衡状态的性质，其特征就

在于一切互为热平衡的物体都具有相同的数值。

有关温度的测量，可以采用各式各样温度计。如：水银温度计、气体温度计、热电偶等。其原理都是利用工作物质随温度变化的物理性质。而温度计读数的显示，有赖于温标的确定。例如，日常生活中常用的摄氏温度，就是以水的冰点为 0℃，水的沸点为 100℃，将水银的高度变化划分为 100 个等分而得的。但这一规定中，零点的选取、刻度的划分，都带有任意性和相对性，显然不符合热力学的严格要求。

1848 年，英国物理学家开尔文（Lord Kelvin，原名：威廉·汤姆孙 W.Thomson）将温度数值与理想的可逆热机的效率相联系，根据卡诺定理来定义温度，从而创立了绝对温度（热力学温度）。

图 1.8 开尔文（1824~1907）

根据卡诺定理，工作于两个一定温度之间的可逆热机的效率，只能与这两个温度有关，而与工作物质的性质及所吸收的热量和所做功的多少无关，应当是这两个温度的普适函数。于是可将热力学温度定义为，正比于理想可逆热机与外界交换的热量的物理量。如用 T 表示热力学温度，则，

$$\frac{T_2}{T_1} = \frac{Q_2}{Q_1}$$

或理想热机的效率

$$\eta = 1 - \frac{T_2}{T_1}$$

但是上述定义只确定了两个热力学温度的比值。要为热力学温度定标，有必要给参考点一个确定的数值。当参考点选为水的三相点（它和大气压下水的冰点只差百分之一度）时，

$$T_{\text{水的三相点}} = 273.16 \,(\text{K})$$

热力学温度可按公式标出

$$T = 273.16 \frac{Q}{Q_{tr}} (\text{K})$$

其中 Q_{tr} 为理想可逆热机在水三相点 T_{tr} 时放出或吸收的热量，Q 为温度 T 时吸收（$T > T_{tr}$）或放出（$T < T_{tr}$）的热量。顺便说一下，这样定出的温度单位为开尔文（K）。

因此，基于热力学所创建的绝对温度就很自然地不依赖于任何特定的物质（绝对之义就由此而生），而由物理定律和公式来确定它与其他物理量之间的关系。较之于其他方法所定义的温度（一般只能通过实验才能确定与其他物理量之间的关系），其优越性显而易见——绝对温度是唯一有科学意义的温度。自 1848 年开尔文创立绝对温度以来，其重要性逐步为人们所认识，成为国际上公认的最基本的温度，独步于科学之林，备领风骚。

当然，如何使绝对温度和实验室中在各个温度范围的温度测量具体联系起来，还是需要计量学家和实验物理学家进行大量工作的。这里就不予赘述了。

同样道理，绝对温度乃是由热力学来作严格定义的，显然只有补充以微观解释后，物理图像才能变得鲜明且生动。从微观角度来看，绝对温度的数值就反映了分子平均动能的大小，即两者成正比关系

$$T \propto \frac{1}{2} \overline{m_i v_i^2}$$

$\overline{m_i v_i^2}$ 代表对所有分子的 $m_i v_i^2$ 值求平均值。正比关系的比例常数取

决于单位的选择。如果 T 采用开（K）为单位，能量采用焦耳，就有

$$\frac{3}{2}kT = \frac{1}{2}m_i \overline{v_i^2}$$

这里引入的 k 为玻耳兹曼常数，$k = 1.38 \times 10^{-23}$ 焦耳/开。通过以上的讨论，我们也可以理解为什么温度是强度量，而内能却是广延量。

又一美妙的幻想——第二类永动机之梦

由热力学第一定律知，为使物体系统对外做功（$W > 0$），必须有能量来源，能量来源或取之于外界（$Q > 0$），或取之于自身（$\Delta U < 0$，内能减小），或者取之于两者。那种不需要动力或燃料而能够无休止地对外做功的永动机，违反热力学第一定律，是根本不可能实现的。

然而，热力学第一定律并不反对另一美妙的幻想。假设某一系统在变化中能够吸收四周的热量，如空气或海水中的热量，当该系统回返于初态时，有

$$Q = W$$

这就是说，该系统吸收空气或海水中的热量，产生了功，而又回返到初态，如此周而复始地反复进行，永不停止，功亦无限，这不是永动机又为如何呢？为加以区别，历史上称此类永动机为第二类永动机（丝毫不违背热力学第一定律）；违反热力学第一定律的那类永动机则称之为第一类永动机。

容易看出，第二类永动机的设计者并不希望无中生有地产生能量，而寄希望于从周围大自然热库——大地、海洋、大气——中把能量取出来，然后通过一种设计巧妙的机器，把从大自然热库中吸收来的热能全部转化为功。这是多么美妙的幻想，若能实现，岂不就是找到了取之不尽、用之不竭的能源了吗？有人测算过，若能造出这样的热机，那么，只要使整个海水温度降 0.01℃，则机器对外所做的功就可供全世界的工厂上千年之用。美梦若能实现，轮船大可

利用海水中的热量，不必烧煤或烧油，就能航行在海上；冰箱不必耗电反而可用来发电而提供动力，岂不快哉，美妙得使人难以置信。

第一类永动机违反热力学第一定律，因此遭到失败。但从第一定律来看，第二类永动机似可实现，它和第一类永动机有本质上的不同。从热力学第一定律来看，容许工作物质吸取的热量全部用来做功，然而事实并非如此，所有设计制造第二类永动机的任何尝试均告失败。这正说明了热力学第一定律虽然是正确的，但远非是充分的；违反第一定律的现象是绝对不可能发生，但不违背热力学第一定律的现象也不一定就能发生。故可以推断，于热力学第一定律认为不可能的第一类永动机之外，必还有第二类永动机之不可能存在，这就是热力学第二定律所依据的原理。

在这个能量守恒原理无能为力的领域里，有多少发现和观念给人以启迪，促其从内在的本质联系中去考虑问题。事实上，在热效率不可能达到100%的深刻剖析下，早在1824年，卡诺就认识到，两个热源是热机做功的必要前提，第二类永动机之不可能，在这里就已初见端倪；焦耳的机械功的热当量必然小于从热源吸取的热量的思想，即热功转化过程中吸收的热量大于做功需要的能量，更是断然否定了第二类永动机的设想。

大量事实均说明，一切热机不可能从单一热源取热把它全部转化为功——宣告了第二类永动机的破产。热转化为功是有限度的、有条件的，但是反过来功转化为热却是能自发地、无条件地进行，虽则功和热这二者都是在物体之间相互作用过程中转化的能量，然而它们有本质的区别。

怎样去描述在实际热机中所发生的现象？能量转化过程应向什么方向进行，过程进行到什么限度为止？怎样把损耗计及到能量守恒中去？损耗何以能降低效率？诸如此类的众多问题的提出为热力学第二定律铺平了道路。

应运而生——热力学第二定律

据前所述，热力学第二定律的思想萌生于卡诺，他对此做出了不朽的建树。1850 年，克劳修斯（R.Clausius）从能量守恒所提供的新的角度描述了卡诺循环。他发现，卡诺所说的需要有两个热源和他提出的理论效率公式，都表达出热机所特有的问题：一定要有一个对转换进行补偿的过程（在此处，就是用接触一个低温热源的方法进行冷却的过程），以便使热机恢复到它初始的力学状态和热学状态。在表达能量转换的平衡关系中当然要包括两个过程：一个过程是热源之间的热流，另一个是热转变为功。

在理想的卡诺循环里，做功的代价是热所付出的，这热量从一个热源传到了另一个热源，一方面产生了机械功，另一方面传输了热量。这两个方面所表达的结果被一个当量关系联系起来。这个当量关系在两个方向上都是有效的。令同一个热机倒过来工作，则它消耗所做的功的同时，可以恢复原来的温度差。任何使用单一热源的热机都不可能被制造出来——这意味着第二类永动机不可能实现。

卡诺和克劳修斯所提出的问题，导致对基于守恒和补偿的理想热机的描述。然而，新的科学不仅要求描述理想化的过程，而且要描述自然本身。这样就使人们有机会提出并接触一些新问题，例如能量损耗的问题。开尔文很快就抓住了该问题的重要意义，并在 1851 年提出了：

　　不可能从单一热源吸取热量，使之完全变为有用功而
不产生其他影响。

这一表述就是历史上称之为"热力学第二定律的开尔文说法"（图 1.9）。当然，这里所说"单一热源"是指温度均匀并且恒定不变的热源。这容易理解，若不是如此，那实际上就相当于有若干个热源了，工作物质可由热源中温度较高的一部分吸热而向热源中温

度较低的另一部分放热；而所指的其他影响则是除了由单一热源吸热全部转化为功以外的其他任何（包括系统与环境）变化。

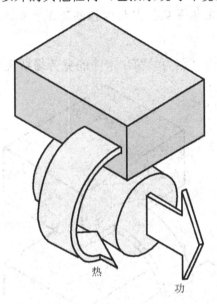

热　　　　功

图 1.9　不可能实现的反开尔文过程

由开尔文的说法，我们又一次看到了卡诺所发现的热机，必须工作于两个热源之间的结论蕴含的原则性意义。

诚然，热力学第二定律的开尔文说法实质上表达了第二类永动机不可能，不过说得更加清楚，更便于应用。它指出，任何热力学过程，系统在吸热对外做功的同时，必然会产生热转化为功以外的其他影响。譬如，可逆等温膨胀确是从单一热源吸热全部为功。但在热转化为功的同时，已使得原来的世界不复保持原状：系统的体积膨胀了。

热力学第二定律内容宽广而深刻，但含意比较隐晦，因此，有许多种叙述方法。开尔文说法揭示了自然界中的一个方面：功、热不等价，功转化为热的不可逆性。自然界中有多种多样的不可逆过程，如热量传递的不可逆性，即热量总是自发地从高温热源流向低温热源。但其逆过程，热量从低温热源流向高温热源则需借助于致冷机。有关这一不可逆过程，克劳修斯如是说：

不可能把热量从低温物体传到高温物体而不引起其他影响。

历史上称之为"热力学第二定律的克劳修斯说法"。

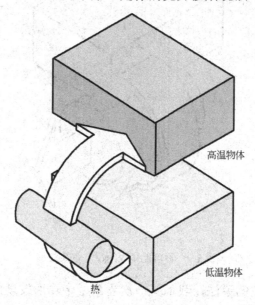

高温物体

低温物体

热

图 1.10　不可能实现的反克劳修斯过程

热力学第二定律的克劳修斯说法及开尔文说法，虽然描述的是两类不同的现象，表述亦很不相同，但二者都强调了不可逆过程：克劳修斯说法实质上说热传递过程是不可逆的；开尔文说法实质上说功转变为热的过程是不可逆的。仔细察视图 1.11（a）与图 1.11（b）就可以看出，违反一种说法的行为，若和一正常热机或致冷机耦合，就必然导致违反另一种说法的行为。这就证实了两种说法是完全等价的。不言而喻，只有这样，才可能把它们都称为热力学第二定律。

应该强调指出，正是各种不可逆过程的内在联系，使得热力学第二定律的应用远远超出热功转换的范围，成为整个自然科学中的一条基本规律。

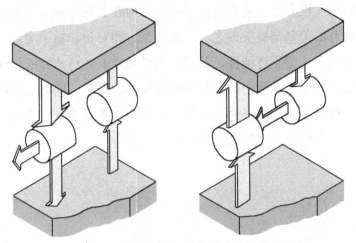

(a)反克劳修斯过程+热机=反开尔文过程　(b)反开尔文过程+致冷机=反克劳修斯过程

图 1.11　两种说法的等效性

谈非论是——"不可能性"的正面价值

讨论热力学问题的时候，常常明确地表述某一种"转变"是不可能的这种"否定式"的叙述方法。例如"永动机不可能"；"任何机器都不可能具有大于 1 的效率"；"没有两个热源的热机是不可能工作的"；以后还会遇到"绝对零度是不可能达到的"；……这些对于"不可能性"的陈述，包含了意义深远的概念的创新和一系列自然规律的发现。

这种否定式的陈述方式，并不仅限于热力学范围，在其他的经典物理和量子物理之中，也往往出现，例如，相对论中，光速的不可逾越性；量子统计中，粒子的不可区分性；量子力学的不可能同时测准一个粒子的位置和动量，都是突出的例证。

表面上看，"不可能性"标志了一种"负"的因素，似乎和"人定胜天"的论断有矛盾，其实不然。因为人类征服自然不能违背自然规律，这些规律既可能有"正"的表述，也可能有"负"的表述。饶有兴趣的是，对"不可能性"的建立本身就具有"正"的价值。

这说明现实世界蕴含着某种出乎意料的内在关联，导致了某些人类长期怀有的美梦遭受灭顶之灾。热力学、相对论和量子力学，都起源于发现了这些不可能性，并以此为基础来表述自然界的规律。因此它们既标志出一种已到达其极限的探索的终止，同时也开辟了许多新机会。比如，基于热力学第二定律的"不可能性"势必成为探索"不可逆性"的物理根源的开始。

第二章
"天将降大任于是人也" ——熵的亮相

    热力学第二定律的克劳修斯表述和开尔文表述，虽然分别讲的是热传递和热转变为功，这两种不可逆过程的方向和限度问题，但它们实际上蕴含着指出其他一切不可逆过程的共同规律：在一切与热有联系的现象中，自发地实现的过程都是不可逆的。这就是第二定律的实质。假如要判别某一过程是否是不可逆过程，我们先得设想出其他的可逆过程，使系统恢复原状。这样就构成了一个循环过程，再设想将此循环过程逆向进行，看是否会得出违背热力学第二定律的结果。显然，如此来判别过程的可逆、不可逆，太迂回复杂，应用起来很不方便。

    可以期望，若要方便地判断可逆、不可逆性，更进一步地揭示不可逆性的本质，根据热力学系统所进行的不可逆过程的初态与终态之间有重大的差异性，正是这种差异决定了过程的方向，应能找到与不可逆性相关联的态函数。热力学第一定律就是因为找到了态函数——内能，建立了数学表达式，才成功地解决了很多实际问题；作为类比，使人们设想采用更为普遍的数学形式把热力学第二定律表述出来，以便用这态函数在初、终两态的差异，来对过程进行的方向做出数学分析，定量地判断过程进行的方向和限度。

    这个新的态函数就是熵。下面我们将根据热力学第二定律来确定它，并用之为在一定条件下确定过程进行方向的判据。

石破天惊——一个概念的诞生

历史上最早引入熵的是以善于构思物理概念沛然著称的克劳修斯，在1854年，他引进了一个新的概念——态函数熵，用以表述热力学第二定律。

图 2.1　克劳修斯（1822～1888）

最初，克劳修斯引进态函数熵，是建立在守恒的概念上的。其本意只是希望用一种新的形式，去表达一个热机在其循环过程中所要求具备的条件。熵的最初定义集中于守恒这一点上：无论循环是不是理想的，在每一次循环结束时，系统的状态函数熵，都回到它的初始数值（图2.2）。

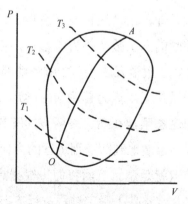

图 2.2　闭合的循环过程

首先将过程限制于可逆过程。对于任意的闭合可逆过程，都有

$$\oint \frac{\mathrm{d}Q}{T} = 0$$

这里的 $\mathrm{d}Q$ 为流入系统的热量，T 为热力学温度。

公式 $\oint \frac{\mathrm{d}Q}{T} = 0$ 的成立，足以证明存在一个态函数。因此，对应于每一个热力学平衡状态，都可以引入状态函数——熵（S）：从一个状态 O 到另一个状态 A，S 的变化定义为

$$S - S_0 = \int_0^A \frac{\mathrm{d}Q}{T} \quad \text{（可逆过程）} \tag{2.1}$$

积分路线可沿联结 O 与 A 的任意可逆变化过程来进行。S_0 为一常数，对应于在状态 O 的 S 值。

对于无限小的过程，可写上式为

$$\mathrm{d}S = \left(\frac{\mathrm{d}Q}{T} \right)_{\text{可逆}}$$

或

$$T\mathrm{d}S = (\mathrm{d}Q)_{\text{可逆}} \tag{2.2}$$

至此，克劳修斯引入了一个态函数 S，完成了其定义。这一切是那么自然，水到渠成。倒是给 S 定名，却使克劳修斯颇感踌躇，煞费苦心。最后考虑到 S 的物理意义与"能"有相近的亲缘关系，在字形上也应接近为好。为此，他用字义为"转变"的希腊字为 S 命名，其德文同音字可写成"Entropie"（英文为 entropy），以与"能"的德文字"Energie"（英文为 energy）在字形上接近从而定名。

而说及"entropy"的中译字"熵"来，更有一段趣话。1923 年 5 月 25 日，普朗克教授[①]来中国南京讲学，著名物理学家胡刚复教授

---

① 普朗克（Rudolf Aleois Valrian Plank），1886—1973 年，出生于乌克兰，后曾在 Dantzig（原属东普鲁士，现属波兰）工业大学担任热学教授，在德国 Karsruhe 工业大学担任机械学教授，1956 年曾任美国哥伦比亚大学客座教授。他长期致力于热力学研究，1949 年创办《制冷技术》杂志，被称为德国深制冷之父。他在 1925 年获得 Karsruhe 工业大学教授职位所作升职报告的题目就是"熵的概念（Begriff der Entropie）"。

为其翻译时，首次将"entropy"译为"熵"。渊源于 Entropy 这个概念太复杂，况且"entropy"为克劳修斯所造，不容易找到一个与此贴切的字。有鉴于此，胡先生干脆舍难从易，想了一个简单的方法，根据公式 $dS = dQ/T$，认为 S 为热量与温度之商，而且此概念与火有关（象征着热），于是在商字上加火字旁，构成一个新字"熵"。就此，"entropy"有了中文名"熵"。利用汉字以偏旁来表达字义的特色，相当贴切，又颇为形象地表达了态函数"entropy"的物理概念。也正因为此，"熵"被广泛采用，流传下来，为浩瀚的汉文字库中增加了一个新字。

图 2.3　熵的亮相

于是，一个概念诞生了。作为一个重要的物理量，熵在科学舞台上登场亮相，扮演了令人注目、风采夺人、日益重要的角色，演出了一幕又一幕耐人寻味的好戏。

值得注意的是，熵是作为热力学状态函数来定义的。对应于任一热力学平衡状态，总存在有相应的熵值。不管这一系统曾经经历了可逆还是不可逆的变化过程，根据公式（2.1）来具体计算状态 A 的熵，必须沿着某一可逆的变化途径（当然不一定是实际发生的变化途径）。这里不妨以理想气体的自由膨胀为例来说明这一点。

设总体积为 V_2 的容器，中间为一界壁所隔开（见图 2.4）。

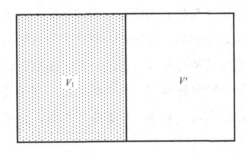

图 2.4　气体的自由膨胀

初始状态时，理想气体占据体积为 V_1 的左室，右室为真空体积 V'。然后，在界壁上钻一孔，气体遂冲入右室，直到重新达到平衡，气体均匀分布于整个容器为止。膨胀前后，气体温度没有变化，气体的自由膨胀显然是一个不可逆问题。对于此过程，是无法直接利用公式（2.1）来计算熵之变化的。但为了便于计算，不一定拘泥于实际所经历的路线，不妨设想一个联系初、终态的可逆过程：气体从体积 V_1 扩展到 V_2 的等温膨胀。在此过程中，热量 Q 全部转化为功 W。

$$\int \frac{\mathrm{d}Q}{T} = \frac{1}{T} \int \mathrm{d}Q = \frac{Q}{T} = \frac{W}{T}$$

$$\Delta S = \int \frac{\mathrm{d}Q}{T} = \frac{W}{T} = \frac{1}{T} \int_{V_1}^{V_2} p\mathrm{d}V = nR \log_e \frac{V_2}{V_1} = Nk \log_e \frac{V_2}{V_1}$$

计算中引用了理想气体状态方程

$$pV = nRT = NkT$$

时至今日，科学的发展远远超出了克劳修斯当时引进熵的意图及目标。熵作为基本概念被引入热力学，竟带来了科学的深刻变化，拓展了物理内容，这是克劳修斯所始料不及的。今天，历史赋予熵以愈来愈重要的使命，其作用、影响遍于各个方面，越来越为人们所关注，所借用。

熵概念的诞生之所以重要，就在于可以将热力学第二定律以定量的形式表述出来。

我们都已知道热力学第一定律，其实质无非是能量守恒。即，对于任一孤立系统（与外界无相互作用的系统），能量的形式可以转换，但其数值是守恒的，能量不会凭空产生或消灭；至于热力学第二定律，文献中有两种通行的说法：其一是克劳修斯说法，即不可能把热量从低温物体转移到高温物体，而不产生其他影响；其二是开尔文说法，即不可能从单一热源吸取热量，全部用来做功，而不引起其他变化。

引入熵，则可将热力学第二定律表述为：在孤立系统内，任何变化不可能导致熵的总值减少，即

$$\mathrm{d}S \geqslant 0 \qquad (2.3)$$

如果变化过程是可逆的，则 $\mathrm{d}S = 0$；如果变化过程是不可逆的，则 $\mathrm{d}S > 0$；总之熵有增无减。缘于此，热力学第二定律亦称之为熵恒增定律。

我们说，热力学第二定律对过程的方向和限度，最终应当给出定量的判据，正是源于热力学第二定律的熵表述。它完全胜任这样的作用：不可逆绝热过程总是向熵增大的方向进行；而可逆绝热过程则总是沿着等熵线进行。由此原则，当还可推论出：孤立系统是绝热的，且其中的一切自发过程都是不可逆的。因此，这类过程总是向着熵增大的方向进行。这就是孤立系统中自发不可逆过程方向的判据。

自发过程都是由非平衡态趋向平衡态的过程，到达平衡态时过程就停止了。由此可知，在平衡态时，熵为极大值。就是说，自发不可逆过程进行的限度，是达到熵极大为止。这样，式（2.3）又给

出了判断不可逆过程限度的准则。同时，熵增原理还可作为过程是否可逆的判据：若熵不变，此过程是可逆的；若熵增大，则此过程是不可逆的。

熵具有相加性。系统熵变化过程中，每一步所吸收的热量都与质量成正比，因而系统各部分的熵相加起来等于整体的熵。所以，熵和内能一样是广延量，具有相加性。

殊途同归——再谈几种说法的等效性

前面我们已论证过第二定律各种说法的等效性。在引进熵，得到热力学第二定律熵表述以后，再由熵的角度来看一下热力学第二定律几种说法的等效性。

首先，假设实现了克劳修斯所禁戒的过程，有一定的热量 dQ 从低温热源（温度为 T_1）传至高温热源（温度为 T_2，$T_2 > T_1$），而不引起其他变化。那么，此两热源可构成一孤立系统，而

$$dQ\left(\frac{1}{T_2} - \frac{1}{T_1}\right) = dS < 0$$

将导致公式（2.3）的被破坏。

又如假设出现了开尔文说法所禁戒的过程，从温度为 T 的热源取出热 dQ 量来做功，则对此孤立系统

$$\frac{dQ}{T} = dS < 0$$

亦同样破坏了公式（2.3）。

这样就论证了孤立系统中，不等式（2.2）的成立，而且与第二定律的两种通行说法等效。但由于采用了定量的形式，且不拘泥于具体的过程，能更好地反映出第二定律的本质及所具有的普遍意义。

天道盈亏——熵恒增=能贬值

一切自然界的实际过程，都是不可逆的，而所谓可逆过程只是

以无限缓慢速度进行的理想过程。一个孤立系统，在发生了任何实际过程之后，按照第一定律，其能量的总值保持不变；而按照第二定律，其熵的总值恒增。这意味着什么呢？不妨来考虑一个具体问题。

假设某系统，在温度为 T 时可输出热量 Q，周围媒质的温度为 T_0，因而可以构成效率为 $1-(T_0/T)$ 的卡诺热机，产生机械功 $Q[1-(T_0/T)]$，而此热量中不可用部分为 $Q(T_0/T)$。假定先将这一热量传给温度为 T'（$T>T'>T_0$）的另一物体。此时，该热量的可用部分将减少为 $Q[1-(T_0/T')]$，而不可用部分增加为 $Q(T_0/T')$。能量不可用部分的增量为

$$Q\left(\frac{1}{T'}-\frac{1}{T}\right)\cdot T_0$$

与此同时，温度分别为 T 与 T' 的这两个物体所构成的系统的熵的增量

$$\Delta S = Q\left(\frac{1}{T'}-\frac{1}{T}\right)$$

这样，热量不可用部分的增加就等于 $T_0\Delta S$，所以，熵可以作为能量不可用程度的度量。换言之，在一切实际过程之中，能量的总值虽然保持不变，但其可资利用的程度总随熵的增加而降低。就数量而言，能量保持不变；而就其品质而言，价值贬低了。这是不可逆性，也是熵增加的一个直接后果，表明了熵的宏观意义：不可逆过程在能量利用上的后果总是使一定的能量从能做功的形式变为不能做功的形式，即成了"退化"的能量，而且这类能量的大小与不可逆过程所引起的熵的增加成正比，即能量虽然是守恒的，但是越来越多地不能被用来做功了。

熵增加导致了能量的贬值，这就是第二定律关键之所在，其在生产实践中的重要意义亦在于此。

我们也可以将此思想进一步深化，引入有序能量与无序能量的概念，从而有：热力学第二定律表明了能量转化的方向，实际上反

映了能量的有序和无序的差别。所谓有序能量和无序能量，其定义
正是基于自然界的能量转化方向的规律性：有序能量可以全部无条
件地转化为无序能量，而无序能量全部转化为有序能量是不可能的
或有条件的，即

这里，我们不妨来看图 2.5 所示的具体例子：（a）表示作平移
运动的球体，组成球体的粒子具有相同的速度；（b）表示静止而温
度升高的球体，原来规则的动能变为无序的内能。热与功的不对称
性暗示了熵有可能用来衡量系统的无序程度。

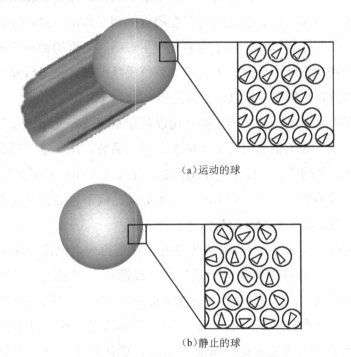

（a）运动的球

（b）静止的球

图 2.5　有序能量转换成无序能量的示意图

有序能量转化为无序能量后势必造成做功本领的减小，甚至完
全丧失，即导致能量的贬值——自然界的任何过程都导致能量的贬
值，这是一个规律。联想到在社会生活中存在的货币贬值现象，亦

可与之相比较。货币贬值往往是由于通货膨胀即货币流通量增大了所造成的；而能量的贬值却与能量的守恒并行不悖，根源就在于熵的增长。因而，这两种现象不尽一致。货币贬值常常造成经济领域的混乱增长，在这一点上，和熵增加的效应却有相似之处。

极大与极小——平衡判据

以上考虑的大多是与外界无任何作用的热力学系统，即所谓的"孤立系统"。这里的外界当然是指我们将偌大系统之一部分选作观察对象后的其余部分。显然外界可以抽象为环境。既然如此，在实际问题中，势必要考虑环境对于系统的影响，即考虑二者之间的相互作用。事实上，二者之间所存在的机械相互作用、热相互作用以及质量相互作用等，不能不对系统产生影响。所有的物理理论都只不过是物理实际的近似，所谓孤立系统就是一例。正是借助于这众所周知的理想模型，得以建立熵之概念。

在孤立系统，熵只增不减，用以判别系统某一变化过程是否可行，而熵之极大值足以确立平衡态。换句话说，熵决定了系统演变的方向和平衡条件，即熵是平衡判据，见图 2.6（a）和图 2.7（a）。但在一般情形下（非孤立系统）并不如此。熵不再能够判定平衡，需要另找作为平衡判据的热力学的势函数。

在许多实际问题中，需要考虑的往往是为一个恒温热库所包围的、并与之有热交换的封闭系统。环顾四周，日常生活所见，大都属于这类。如一盆热水在空气中逐渐冷却；一块冰在空气中逐渐熔解；力学中重物下落止于地面，等等皆是。热力学中称此类变化为系统的等温变化。有必要指出，这样的情况下，外界（或称之为源或库）要比系统大得多，就足以使系统始终保持一定温度，而不必考虑外界与系统接触中可能导致外界本身的变化。图 2.6（b）示意地画出了封闭系统。而所谓孤立系统与之不同的就如同有一绝热壁，隔断了系统与外界的热的联系。

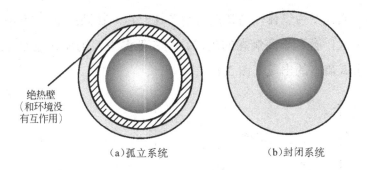

(a)孤立系统 　　　　　　　(b)封闭系统

图 2.6　热力学系统

　　而此封闭系统（也是恒温系统，这是不言而喻的）可以区分为两类，一是体积保持恒定的定容系统，一是压强保持恒定的定压系统。对于这两类的封闭系统，作为平衡判据的热力学势函数，就不是熵而是自由能。平衡条件可以分别归结于自由能 F（$F = U - TS$）为极小值（V 保持恒定），以及吉布斯自由能 G（$G = U + pV - TS$）为极小值（p 保持恒定）。值得强调的是，通常实验室的条件接近于封闭系统，即封闭于周围环境构成的热库之中，因而现实世界中的平衡条件都是以自由能（或吉布斯自由能）为极小值。由此角度讨论物态的变化，自由能较之于熵更有意义。

　　从热力学观点来看，正是能与熵二者的竞争决定了系统所处的状态。自由能的公式更是直接表达了这样的事实，平衡乃是能与熵之间竞争的结果，温度 T 决定着这两个因素之相对权重。

　　注意到要使自由能极小，在式 $F = U - TS$ 中，需 U 尽量小，相应 TS 要尽量大。这正是热力学第二定律所要求的。在绝对零度（$T = 0$）时，即没有热运动参与的情况下，$F = U$，自由能纯粹取决于内能，完全由互作用决定，即系统必须满足内能极小的条件，行为遵循其规律。在 $T \neq 0$ 的情况下，能、熵二项皆存，互相竞争。一般来讲，能量占优，系统为低熵状态和低能结构；而反过来，相应第二项 TS 的贡献就愈来愈大，超过第一项（能量）的贡献起主导作用，系统为高熵状态。在不同温度时各种物态的变化，如固体变为液体，液体变为气体，清楚地表明了这一点。在高温下，*TS* 项起的作用更大，有利于高熵态的出现；而在低温下，则反其道而行之，有利于低熵态的出现（图 2.7）。

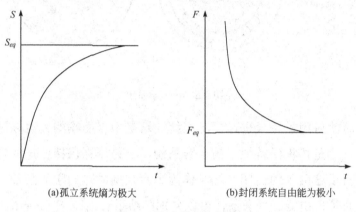

(a)孤立系统熵为极大　　　(b)封闭系统自由能为极小

图 2.7　热力学平衡判据

概念的拓展——化学势与复相平衡

在克劳修斯全面阐述了第二定律的熵的表述的十余年后，1878年美国一个冷僻的刊物，康涅狄格州（Connecticut）科学院汇刊上发表了当时尚不知名的吉布斯（J.W Gibbs）的一篇题为"论复相平衡"的长达 100 余页的论文，将热力学的规律扩展到粒子数可变的体系之中，从而为热力学的应用开辟了新的领域。

吉布斯首先引入了化学势这一重要概念。如一定数量的粒子进入或离开所考虑的系统，将使得系统的自由能发生变化 ΔF（或 ΔG），如有 n 种不同的粒子，进入系统的粒子数为 N_i（$i=1$，2，$\cdots$，n），那么系统的自由能变化就等于

$$\Delta F = \sum_i^n N_i \mu_i$$

这里的 μ_i 就是第 i 种粒子的化学势，其物理意义就相当于单个粒子进入系统所引起的自由能的变化。由于平衡态正好对应于自由能极小的状态，因而化学势的高低就成为决定粒子流向的判据。粒

子总是倾向于从化学势高的状态，流
向低的状态，以减小系统的自由能。
形象地可用图 2.8 来表示。由此对于
化学势的物理意义也就了如指掌了。

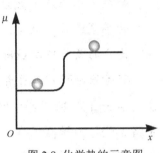

图 2.8 化学势的示意图

化学势的引入使得热力学不仅可
以处理孤立系统或封闭系统的问题，
也可以处理粒子数不守恒的开放系
统。由此使热力学得以得心应手地处理有关化学、冶金学等方面的
问题。

当 A, B 两个系统相互接触，可能有力学的相互作用（相互有作
用力）、热的相互作用（热量的传输）和质量的相互作用（粒子的
流动），相应的平衡条件为

（1）两系统的压强相等，即 $p_A = p_B$；

（2）两系统的温度相等，即 $T_A = T_B$；

（3）两系统的化学势相等，即 $\mu_i^A = \mu_i^B$，从而保证两系统的体积
不变，不存在热流或粒子流。这一结果当然可以推广到更多数量相互
接触的系统。如果系统每一个子系统构成一个均匀的相（例如气相、
液相或特种晶体结构的固相），从而就可以得出复相平衡的条件。

显然，上述结果也可推广到环境和系统之间的关系，如果加上
标（e）的量表示环境量，那么，平衡条件当可写为

$$p = p^{(e)}, \quad T = T^{(e)}, \quad \mu_i = \mu_i^{(e)}$$

这就是系统与环境之间的平衡条件。

应该指出，吉布斯的重要论文一直到 19 世纪末年方为学术界所
重视，除了发表论文的刊物流传量甚小外，还有另外的重要原因：
吉布斯的表述方法严谨、抽象，不容易为人们接受和掌握，而他物
理上的洞见性又远远超出他所处的时代。在 19 世纪末，该论文的德
文译者、著名学者奥斯特瓦尔德（W.Ostwald）曾经写道

……其内容直至今日仍具有直接价值，人们对其感兴

趣绝不单纯是历史方面的原因；确实，其中含有取之不尽
的丰硕成果，至今，也许不过只利用了很小一部分。这篇
论文的章节中所蕴藏的珍宝，其丰富多彩和重大价值，仍
有待理论研究工作者，特别是实验工作者深入发掘。

这段话一直到 20 世纪中叶仍然适用，吉布斯的思想光辉永存，特别
是将一些热力学概念推广延伸到处理有关新相形成和生长的问题。
论文处理和预示了亚稳态和非平衡态的许多重要现象，例如新相的
成核，合金的失稳分解（Spinodal decomposition），光滑界面生长导
致化学势的不连续性等。时过 100 多年后的今天，再读这一篇经典
著作依然感到新鲜而富于启发性。

"推敲"平衡——稳定与否?

平衡与稳定是两个不同的物理概念，虽则在某些系统之中，两
者可以并存不悖。我们只要察视一下静力学中的事例，就可以明白
两者的差异。在静力学中，平衡为物体受合力为零的静止状态。图
2.9 显示了三种不同的平衡态。图 2.9（a）、图 2.9（b）分别为势能
极大值和极小值所对应的平衡态。前者是不稳定的，系统对干扰的
响应导致干扰增长；后者是稳定的，系统对干扰的响应导致干扰减
小。当然，还可以设想介乎其间的状态，见图 2.9（c），系统对干
扰的响应是中性的，对应于随遇平衡。不仅平衡态有稳定性的问题，
运动状态也有其稳定性的问题，是否稳定的判据在于，系统对干扰
的响应是将原来的干扰缩小还是扩大。

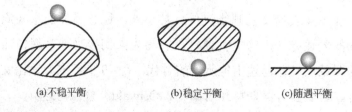

(a)不稳平衡　　　　(b)稳定平衡　　　　(c)随遇平衡

图 2.9　静力学平衡的稳定性

下面来探讨热力学平衡的稳定性问题。我们先来看一些实例。考虑保持热平衡（温度为 T）的两个相接触的物体 1 及 2，如果干扰使 1 的温度上升到 $T+\Delta T$，那么，由于温度差将产生热流，其结果倾向于消除温度差。这一事例表明，热力学平衡对于干扰的直接响应，起减小干扰的效果，因而是稳定的。

再看汽缸与活塞系统。原来处于平衡态，温度 T 与压强 p 都与环境相等。设想干扰为流入热量 ΔQ，导致温度变为 $T+\Delta T$，由于活塞是可动的，系统对干扰还可以有间接的响应，即通过活塞位移来消除压强的差异。可以看出，这种对干扰的间接响应也是有利于恢复平衡的，见图 2.10。这些事例阐明了热力学平衡是稳定的。形象地表示了可以用热力学不等式来证明的具有普遍意义的结果。

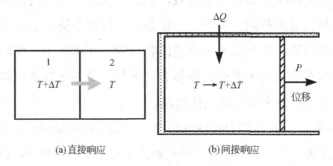

(a)直接响应　　　　　　(b)间接响应

图 2.10　热力学对干扰的响应

一般而言，热力学平衡是稳定的，不管是孤立系统的熵为极大值或封闭系统的自由能为极小值，均为如此。将自由能对应于态变量作图，有时会出现不止一个极小值。这些极小值中自由能最小的状态，对应于热力学的稳定平衡态，而相对而言，自由能较大的极小值，则为亚稳平衡态。亚稳态也经常在自然界中出现，例如过冷液态，即温度低于凝固点但尚未凝固的液体，或过饱和气态，即蒸汽压大于饱和蒸汽压尚未凝结的蒸汽。但值得注意，亚稳态虽然对于无限小的干扰是稳定的，但对于有限的干扰就可能是不稳定的。有限干扰可以促使它翻越自由能势垒 ΔF，使系统过渡到自由能最小的平衡态（见图 2.11）。

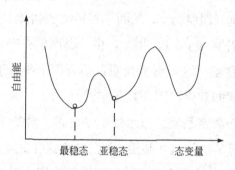

图 2.11　稳定与亚稳的平衡态

"冬季为什么要生火？"——耐人寻味

借助于能与熵这两个态函数，热力学第一、第二定律奠定了热力学宏伟大厦的基础，开创了一世基业。同时亦提出了这样一个引人注目的问题：能与熵作为重要的物理量，相比之下，孰轻孰重，两者是否有等级高下之分？熵概念的崛起，并不足以抵消根深蒂固的传统观念：能为主，熵只能为辅。

1938 年，天体与大气物理学家埃姆顿（R.Emden）以"冬季为什么要生火？"为题，在《自然》杂志上写下了一则短评，论证了这一问题，观点鲜明，取材新颖，不落俗套，寓科学于生活琐事之中：

外行（没学过物理的人）将回答说：'冬季生火是为了使房间暖和'，而学过物理的人，尤其是学过热力学的人也许这样解释：'生火是为了取得所欠缺的能量'。如果是这样，那么外行的回答是正确的，而内行的回答却错了。

为与实际情况相对应，假设室内空气的压强始终与室外的相等。按通常符号表示，每单位质量的能量为

$$u = C_v T$$

于是每单位体积的能量为

$$u' = C_v \rho T$$

图 2.12　冬季为什么要生火

考虑到物态方程

$$\frac{p}{\rho} = RT$$

可得

$$u' = C_v \frac{p}{R}$$

对于 1 个大气压下的空气，有

$$u' = 0.0604 \text{ 卡/厘米}^3$$

可见，室内能量与温度无关，完全取决于气压计的读数。生火装置供给的全部能量通过房间墙壁、门窗的缝隙散逸到室外空气中去了。

我从阴凉地下室取一瓶红葡萄酒，置于暖室回温，它所增加的能量并非取自室内空气，而是从室外传进来的。

与我们生火取暖一样，地球上的生命需要太阳辐射。但生命并非靠入射能维持，因为后者中除微不足道的一部分外都被辐射掉了，如同一个人尽管不断地汲取营养，却仍维持不变的体重。我们的生存条件是需要恒定的温度，为了维持这个温度，需要的不是补充能量，而是降低熵。

我当学生时，读过沃尔德（F.Wald）写的名为《宇宙的女主人和她的影子》的小册子，获益匪浅。'女主人'和'影子'的意思是指能和熵。在知识不断增进的过程中，这两者对我来说，似乎交换了地位。在自然过程的庞大工厂里，熵原理起着经理的作用，因为它规定整个企业的经营方式和方法，而能原理仅仅充当簿记，平衡贷方和借方。

然而，埃姆顿的结论正确与否？是否为人们所接受？科学的发展支持这一见解吗？这些问题我们将在后面第九章中予以讨论。

第三章
$S=k\log W$——墓碑上的公式

　　热力学乃是热现象的宏观理论，探讨温度、能量、熵等宏观物理量之间的基本规律。热力学理论以实验事实为依据，所涉及的都是宏观的物理量，因而具有广泛的普适性和高度的可靠性，这是热力学理论的优点所在；但由丁它不过问物质的微观结构和微观粒子的运动状态，显然是不完全的，如果不深入探讨其微观的机制，许多问题尚只能停留在"知其然而不知其所以然"的阶段（严济慈先生语），就不能揭示热现象的本质。

　　一系列的问题，譬如，熵是热力学中最重要的物理量，在热力学中虽有严格的定义，但它的物理意义究竟是什么？为什么孤立系统中自发过程会使系统的熵增大，其物理实质何在？在一定条件下，系统有从非平衡态过渡到平衡态的自发倾向，这种倾向在宏观上为什么总是单向的？有没有可能自动出现相反的倾向？为什么与热相联系的一切宏观过程都是不可逆的？对这一系列问题，热力学都不能给予本质的回答。需要采用微观的方法即统计的方法来探讨关于过程不可逆性及熵函数的微观意义，也只有这样才能更深刻地认识热力学第二定律的本质，并使第二定律的应用从热学的范畴扩展到自然科学的其他分支，甚至扩展到某些社会科学的领域之中。

剑手与雄牛的决斗——学术之争

19 世纪下半叶，当热力学的理论体系已经确立之后，在学术界有两种截然不同的看法：一派以马赫（E.Mach）与奥斯特瓦尔德为代表，标榜实证论，坚守热力学唯象观点的壁垒，不敢越雷池一步。对于任何从原子论的角度来探讨其微观机制的企图均嗤之以鼻，认为分子和原子既然不能直接观测，因此研究分子运动规律就是空想。他们满足于热力学理论，提出唯能论的观点，认为物理学的任务就是研究能量的改变与转化的规律，而研究分子运动是多余的。另一派乃是以玻耳兹曼（L.Boltzmann）为代表，致力于探究热力学底下的微观层次中的原子机制，为统计物理学的奠基和发展鸣锣开道。

玻耳兹曼明确指出：

> 当代的原子理论能够对于所有的力学现象给出合理的图像……图像还进一步包括热的现象。只是由于计算分子运动极其困难，才使这一点的演示还不十分清楚，无论如何，在我们的图像之中可以找到所有的主要事实。

两派论争颇为激烈。

1895 年在吕贝克召开的德国自然科学讨论会之后，当时年轻的理论物理学家索末菲（A.Sommerfeld）写下了一段感想：

> 玻耳兹曼与奥斯特瓦尔德之争仿佛是一头雄牛与灵巧剑手之间的一场决斗。但是这一次，尽管剑手的技艺高超，最后还是雄牛压倒了斗牛士。玻耳兹曼的论点赢得了胜利。我们这些年轻的数学家都站在他这一边。

但并不是当时所有的人都同意索末菲这一观点，包括玻耳兹曼本人。在玻耳兹曼的晚期著作中有这么一段伤心话：

> 我意识到我只是一个软弱无力地与时代潮流抗争的个人，但仍在我力所能及的范围内为这方面做出些贡献，使得一旦气体理论复苏之后，不需要重新发现许多东西。

凄凉伤感之情溢于言表，似乎意识到他是论争的输家。

不幸的是，这场学术之争竟导致意气用事，甚至于人身攻击，结局令人扼腕：二派之论争终以 1906 年玻耳兹曼的自杀于海边小城杜伊诺（Duino）而告结束。虽则自杀的原因不止一种，但学术论争引起的抑郁感与之不无关系。

历史是最公平的裁判者，就在玻耳兹曼死前一年，爱因斯坦已经发表了有关布朗运动的重要论文；随后，佩兰（J.Perrin）的实验观测为分子确实存在提供了强有力的佐证。分子、原子不可观测的神话终于被打破了。这使当时原子论最坚决的反对者、"唯能论"的主将奥斯特瓦尔德于 1908 年主动宣布：

原子假说已经成为一种基础巩固的科学理论。

接着，原子物理、原子核物理、粒子物理、固体物理等领域的巨大成就，成为 20 世纪物理学发展的主流，这场论争的真正胜利者乃是玻耳兹曼。惜乎他本人已长眠于地下，对这一切无法知晓了。

不朽的丰碑——"写下这些记号的，难道是一位凡人吗?"

玻耳兹曼所坚持的道路无疑是正确的，这已为 20 世纪大量的科学实践所证实，玻耳兹曼所作的贡献亦得到了充分的肯定。就我们这里所讨论的熵概念而言，如果只停留在宏观热力学的范围内，就会令人有捉摸不透之感，难以抓住其物理意义的底蕴。在这一问题上，玻耳兹曼的贡献是非常突出的。

使人感到欣慰的是，玻耳兹曼的墓碑不啻为 19 世纪下半叶的这场学术论争作了盖棺论定的总结：在维也纳的中央坟场，玻耳兹曼的墓碑上，没有墓志铭，只有一个公式

$$S = k\log W$$

镌刻在他胸像上面的云彩中（见图 3.1）。这就是著名的玻耳兹曼关系式，它为熵做出了微观的解释。虽则在玻耳兹曼本人的文章中，从

没有将此公式明显写出，只是论证了 S 与 $\log W$ 的正比关系。在他身后，此公式首次在普朗克（M.Planck）关于"热辐射"的著名讲义中出现，但将此公式冠以玻耳兹曼之英名，他却是当之无愧的。这里的 k 为玻耳兹曼常数，W 为与某一宏观状态所对应的微观状态数（或容配数），log 为对数符号，更确切地应采用自然对数 $\log_e$ 或 ln。

图 3.1　墓碑上的公式

玻耳兹曼这一不朽之作——$S = k \log_e W$ 表达了玻耳兹曼的这一思想：把 S 和 $\log_e W$ 等同起来，通过相容于每一宏观态的微观状态数 W，熵成为该宏观态的标志。意味着不可逆的热力学变化是一个趋向于几率增加的态的变化，而其终态是相应于最大几率的一个宏观态。玻耳兹曼关系式把宏观量 S 与微观状态数 W 联系起来，在宏观与微观之间架设了一座桥梁，既说明了微观状态数 W 的物理意义，也给出了熵函数的统计解释（微观意义）。物理概念第一次用几率形式表达出来，意义深远。

玻耳兹曼关系式经历了时间的考验，已成为物理学中最重要的公式之一。在一个十分简单的公式里汇聚了这么丰富的内容，言简意赅，影响深远，在整个物理学中实属罕见，可与之相媲美的似乎只有牛顿的运动定律

$$F = ma$$

与爱因斯坦的质能关系

$$E = mc^2$$

看到这类的公式，很像面对完美的艺术品，令人有鬼斧神工之感，叹为观止！玻耳兹曼对于麦克斯韦方程赞赏备至，曾引用歌德的《浮士德》中的一段话予以评价：

写下这些记号的，难道是一位凡人吗？

我们不妨将此移用于以他自己命名的关系式，不也是非常恰当吗？

面对这些非凡的"记号"，玻耳兹曼亦曾用诗一样的语言述说其切身体验：

难以置信：结果，一旦发现，是如此自然、简明；而

到达的途径却漫长又艰辛。

这也是科学家的悟道之言，只有通过漫长而艰辛的探索，最终才可能豁然贯通，找到如此美妙的成果。无独有偶，玻耳兹曼在其科学实践中体会出来的这段"夫子自道"与我国宋代词人词中所吟咏的"众里寻他千百度，蓦然回首，那人却在灯火阑珊处"的意境恰好不谋而合。从而凸现了王国维在《人间词话》中的精辟论断：此乃古今成大事业、大学问者所必经的最终境界。

寓理于娱——棋盘游戏

为更好地说明玻耳兹曼关系式的物理意义及其深刻内含，我们不妨来玩一种"棋盘游戏"。这里是一个"棋盘"，棋盘上有 1600 个格点。分棋盘为两个区域：中间区域为系统 I，有 100 个格点；外面区域有 1500 个格点，为系统 II；系统 I、系统 II 合起来构成一个孤立系统。

首先设想游戏开始前（始态）所有棋子都集中于中间，100 个棋子将系统 I 占满，没有挪动的余地，同时假定它们相互之间不能交换位置，不可自由调动（见图 3.2）。即，中间所有的位置都被占了，而外面系统是空的，没有一个位置被占。也就是说，此时系统只有一个状态，因为不可能有另外一个状态——全部占满（或全部空缺）——存在。运用一下玻耳兹曼关系式（对数表达式 $S=k\log_e W$ 指出，熵是一个相加的量

$$S_{I+II} = S_I + S_{II}$$

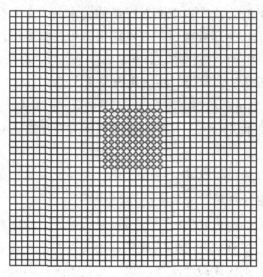

图3.2　棋盘游戏：始态

而 W 是一个相乘的量

$$W_{I+II} = W_I \cdot W_{II}$$

因只有一个状态，所以

$$W_I = W_{II} = 1$$

于是 $\ln 1 = 0$，故系统（整个孤立系统——棋盘）的熵 $S = 0$，即游戏开始前系统处于熵为零的状态，相当于低温下完全有序的状态。

开始玩游戏，完全无规地将一个棋子拿走，放到外面区域任意格子之中去，见图 3.3（a）。考虑此时系统的熵值，同样可采用分别计算系统 I，系统 II 的熵，然后再求出整个孤立系统的熵。系统 I，100 个格点，99 个占满，1 个空缺，问题是空缺的格点可在 100 个格点位置上任意选择，因此 $W_I = 100$，相应有

$$S_I = k\log_e 100 = 4.61k$$

类似地，在系统 II，一个格点可在 1500 个位置上任选，所以 $W_{II} = 1500$，$S_{II} = k\ln 1500 = 7.31k$；结果是从系统 I 移动一个棋子到系统 II 后，系统的熵值为

$$S = S_I + S_{II} = 11.92k$$

继续我们的游戏。再移动一个棋子，从系统Ⅰ到系统Ⅱ（见图3.3（b）），则对于系统Ⅰ来说，第一个格点可在100个位置上任选。

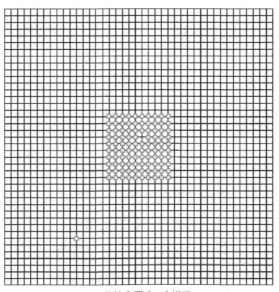

(a)从始态挪动一个棋子

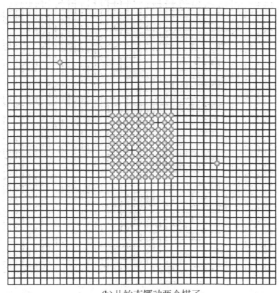

(b)从始态挪动两个棋子

图3.3 棋盘游戏

这第二个格点的任选程度要小一些，只可在99个位置上任选，考虑

棋子被挪动的次序可以颠倒，而不至于影响结果

$$W_{\mathrm{I}} = \frac{(100 \times 99)}{2}$$

同样，挪动到外面区域的棋子可一样考虑。原来1500个，第二个棋子则为1499个，所以对于系统Ⅱ来说，此时

$$W_{\mathrm{II}} = \frac{(1500 \times 1499)}{2}$$

计算一下很容易得到结果

$$S_{\mathrm{I}} = 8.51k, \quad S_{\mathrm{II}} = 13.93k,$$

$$S = S_{\mathrm{I}} + S_{\mathrm{II}} = 24.44k$$

依次玩下去，将系统Ⅰ中的棋子一一挪动到系统Ⅱ中去，（图3.4），相应地可分别计算出各个状态的微观状态数及其熵值。据此棋盘游戏给我们绘制出了这样一幅图——系统的熵作为挪动的棋子数的函数之图像（见图3.5），表明游戏的结果。

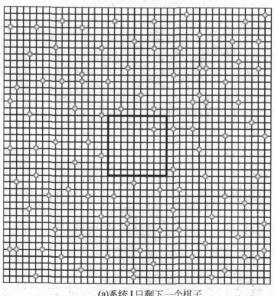

(a)系统Ⅰ只剩下一个棋子

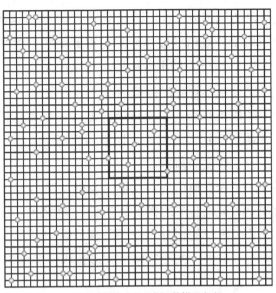

(b)系统I, II具有相同的棋子密度

图 3.4　棋盘游戏

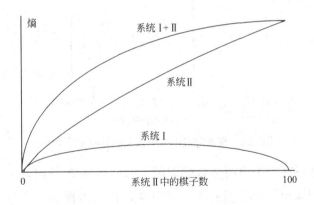

图 3.5　S_I，S_{II} 及 S 与挪动棋子数关系

　　由图可看出，挪动的棋子数目即系统 II 中的棋子数目增加，熵亦逐步增加，清楚地表明了熵有一极大值。

　　由对称性的角度来看，在游戏进行到后期，当中间区域的几乎所有棋子都被拿出，中间只剩一个棋子，见图 3.4（a）。此时系统 I 的熵，应等于拿去第一个棋子时的熵，即仅剩下一个棋子和开始拿去一个棋子时的熵值应一样；游戏结束，系统Ⅰ之熵值回复到零，这一点已由系统Ⅰ的熵值曲线是对称的得到证实。而系统Ⅱ的熵值曲线则正如我们所预料的呈不对称性，这是由系统Ⅰ、系统Ⅱ共同构成的孤立系统呈现不对称的熵值曲线之必要条件。

借助于有趣的棋盘游戏，用以解释玻耳兹曼关系式所揭示的熵含意，并没有遇到特别大的困难。这是因为每个人都已从棋盘游戏中很自然地看到了潜在的内容。

孤立系统的平衡态熵值为极大值。我们从图 3.6 所示曲线上看出，极大值对应的系统Ⅱ中的棋子数在93～94之间，这正好对应于系统Ⅰ与系统Ⅱ中棋子的密度（棋子数/格子数）相等，见图 3.4（b）。这可以理解为在平衡态，两个系统的密度相等或温度相等。

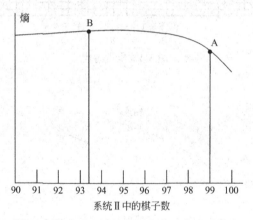

图 3.6　棋盘游戏中熵的极大值对应于平衡态

这里还有一个值得注意的问题。前面计算 W 值时，为了简化计算，我们假定了棋子具有不可区分性，这是遵循量子力学的全同微观粒子的共性。在经典物理范围内的粒子，就相当于缩小的棋子，看来大体相同，但实际上各个粒子还是有差别的，可以区分的。有关这方面的问题将在后面的章节，加以讨论。

不可否认，一切模型都有其局限性，棋盘游戏也不例外。自然界的原子和分子都是处于不断的运动状态，而棋盘上的棋子却是静止不动的，还有待于人来搬弄，实际的过程当然不是这样，而是棋子自动地在棋盘上跳动、挪位，一直达到平衡状态。

黑白混淆——吉布斯佯谬

下面我们再利用棋盘玩一个游戏。

将棋盘分为左右均等的两部分，左边位子均由黑子所占；而右侧则为白子所占。黑子数 N_b 和白子数 N_w 相等如图 3.7 所示。

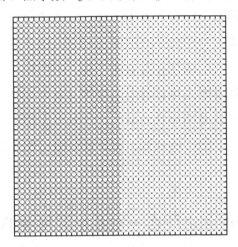

图 3.7　棋盘游戏（混合前的始态）

在游戏开始时，只有一状态，熵为零。如果任意交换一对黑白子，$S = 2k\log_e 800$；如果挪动 n 个，应为

$$2k \log_e \frac{1}{n!} 800 \times (800-1) \cdots (800-N)$$

熵的增加最大值出现在

$$N = \frac{1}{2}N_b = \frac{1}{2}N_w$$

处，$\triangle S$ 即两种棋子作均匀的混合。这一结果也是非常自然的，两种不同的气体，如果将界壁开一个孔，结果由于扩散，必然导致气体均匀地混合，存在有混合熵。混合熵的极大值对应于平衡态，即两种气体在整个容器中均匀分布的状态。

但是这样考虑存在一个问题。如果将黑子颜色逐渐漂白，当然不影响混合熵的计算结果。但漂白过程可以连续地进行，直到它与白子完全无法区分为止。如果棋盘两边都是白子，就不存在有混合熵，因为终态和始态完全相同。但只要黑子和白子略可区分，则总具有确定的混合熵。这就意味着，在连续漂白过程之中，混合熵的行为不是一个连续函数，出现了出人意外的情况，不连续地突降为零，使人对此感到困惑不解，这就是有名的吉布斯佯谬。

如果我们从物质结构的观点来看，问题就迎刃而解了。在实际的物理世界之中，一个分子（或原子）和其他分子（或原子）的不同总是判然有别的。表现在含有质子数、中子数和电子数的不同，不像黑球与白球那样是可以连续过渡的。甚至于同一化学元素的不同同位素的原子也是明显有差异的。这里也表明了一个重要事实：即使是宏观热力学的一些规律，也可能反映出微观世界具有不连续结构的特征。

底蕴之所在——系统混乱度的度量

由玻耳兹曼关系式，清楚地看到，熵的问题，牵涉到一个微观状态数。由此，系统某热力学状态，熵的大小取决于这一状态对应的微观态数目的多少。熵的增加意味着，系统从包含微观状态数目少的宏观态，向包含微观状态数目多的宏观状态过渡，即从几率小的状态向几率大的状态演变。

然而用以表述熵之大小的微观状态数又代表了什么？其物理意义又如何呢？

就这个问题，为方便起见，仍回到我们的棋盘游戏上。注意到在游戏前，系统所处状态 $S = 0$，相当于绝对温度零点时的晶体。引用粒子在空间分布的"无序度"或"混乱度"概念，这是一个粒子相对集中，数密度大的状态，即有序程度极高的状态。随着游戏的进行，粒子趋于分散，数密度愈来愈小。清晰地表明，系统走向无序，即开始时的排列在某种含义是有序的，由于游戏产生的混乱，它变为无序。联系到微观状态数，不难理解，微观状态数的多少就是混乱度（或无序度）的大小。即，微观态的多少反映了系统的"混乱度"（或"无序度"）的大小。不同的微观量——混乱度（无序度）大小及微观状态数多少所描写的，结论完全一致。由玻耳兹曼关系式，系统某一状态熵的大小，反映出该宏观态所对应的微观态数目的多寡，因此，熵增加的过程正是系统无序度（混乱度）增大的过程：熵小，意味着系统混乱度小；熵大，意味着系统混乱度大。因此，玻耳兹曼关系式揭示了熵的本质：熵代表了一个系统的混乱程度。这样，不光是熵的物理意义非常明确，就连蕴意隽永的热力学第二定律，也走进了千家万户，成为日常生活中熟悉的原理。实践告诉我们，任何事物若听其自然发展，混乱程度一定有增无减：书本整齐地列在书橱内，对应于低熵态；书本凌乱地摊在书桌上，对应于高熵态。从整齐到凌乱是自发的过程，而反过来从凌乱到整齐需要做出特殊的努力，因而是非自发的过程。在这一点上大家都有切身的体会，毋需多费笔墨。很使人感兴趣的是，热力学第二定律较第一定律难以理解的真正涵义，事实上却如此深刻地包含在我们的日常生活事件之中，只是我们没有留心注意到它们罢了。

值得一提的是，这里认定 W 是无序的量度，而其倒数 $1/W$ 则可以作为有序的一个直接量度。借助于数学，$1/W$ 的对数恰好是 W 的负对数，很容易将玻耳兹曼关系式写成

$$-S = k \log_e \frac{1}{W}$$

对于这取负号的熵，习惯于称之为"负熵"。它本身是有序的一个量度。也就是，熵是系统混乱度的度量，反其意而用之，则有"负熵"是系统有序度的量度。

有一点尚需注意，熵的微观解释加深了我们对熵的本质和热力学第二定律的理解。但对于许多实际问题，如热机运转、致冷机的工作、化学反应的进行，往往需要具体计算或测量熵，有宏观熵的概念也就足够了，不一定要每个问题都寻根到底，去探究状态的微

观容配数。

溯流寻源——玻耳兹曼统计

通过上面的"棋盘游戏"，我们已经从直观和形象上对玻耳兹曼关系式得到初步的理解。为进一步理解，这里对玻耳兹曼的原始推导思想脉络作一简单介绍。1877 年，玻耳兹曼发表了题为"第二定律与机械热理论的关系以及热平衡定律的概率计算"这一长篇论文，建立了第二定律与概率论的规律之间的直接联系。考虑在一个大口袋里有 N 个球，球上标有数码字 1，2，3，…，N；旁边有 M 个格子，格子也标有号码 1，2，3，…，M。将所有的球从口袋里拿出来，分配到这 M 个格子中去，格子中的球数为 N_1，N_2，…，N_M。现在的问题是对应于一清单 N_1，N_2，…，N_M，到底存在多少种不同的分配方案？从口袋中拿出球的顺序总共有 $N!$ 种，因为拿出第一个球可以从 N 个球中任选，而第二个球就只能在 $N-1$ 个里任选，其余可以类推。对于特定的清单 N_1，N_2，…，N_M，可以有 $N_1!N_2!…，N_M!$ 个不同的顺序。因此，我们可以将对应于这特定清单（即分布函数）的不同顺序数定义为这分布函数的微观状态数（或容配数）

$$W = \frac{N!}{N_1!N_2!\cdots N_M!}$$

如果 N 是很大的数，那么采用数学上的斯特令（Stirling）近似

$$\log_e N! \approx M\log_e N$$

将有关 $N!$ 的运算予以简化。引入 W_i，令

$$N_i = NW_i$$

这样

$$\sum N_i = N, \sum W_i = 1$$

考虑 N 个相互独立的粒子所构成的系统。平衡态的分布函数对应于几率最大的分布，平衡分布应该对应于最可几分布，即 W 为极大值，或 $\log_e W$ 为极大值所对应的分布，即最可几分布。考虑粒子

在空间的分布问题。这样，M 个格子可按空间坐标进行划分，各个格子具有相同的体积，可得

$$\log_e W = -NW_i \sum W_i \log_e W_i$$

如果设想分布函数作微量变化 δW_i，同时满足粒子数不变的条件 $\sum \delta W_i = 0$，对应的 $\log_e W$ 的变化将为

$$\delta \log_e W = -N \sum (1 + W_i \log_e W_i) \, \delta W_i$$

如果 $W_i =$ 常数，将可获得 $\delta \log_e W = 0$ 的结果。

这样，分子按空间坐标作均匀分布将使 W 为极大值，和直观的推想相吻合；平衡态中分子的空间分布是均匀的分布，和前面"棋盘游戏"的结果一致。

再来考虑粒子按能量的分布。设系统的总能量为 E，很有趣的是玻耳兹曼所提出的是一个能量作不连续分布的量子模型，设 1，2，3，…，M 格子中的能量为

$$\varepsilon_1 = 0, \quad \varepsilon_2 = E, \quad \varepsilon_3 = 2E \cdots \varepsilon_M = （M-1） \varepsilon$$

当然他当时只是为了计算方便而引入，不像后来普朗克提出量子论那样有明确的物理意义。引入 A，β 两个常数，粒子的分布函数可以表示为

$$NW_i = NA \exp(-\beta \varepsilon_i)$$

代入 $\log_e W$ 的表示式，可求得

$$\delta \log_e W = -N \sum (1 + \log_e A - \beta \varepsilon_i) \delta W_i$$

满足总能量

$$N \sum W_i \varepsilon_i = E$$

的变分，$\log_e W$ 为极大值，所对应粒子分布为

$$NW_i = A \exp （-\beta \varepsilon_i）$$

常数 β 与 A 可由以下条件定出

$$\sum W_i = A \sum \exp(-\beta \varepsilon_i) = 1$$
$$E = \sum W_i \varepsilon_i = A \sum \varepsilon_i \exp(-\beta \varepsilon_i)$$

这就是能量的麦克斯韦-玻耳兹曼分布。

如果将麦克斯韦-玻耳兹曼分布应用于理想气体的分子速度分布，可以求出分布函数 $f(v)$，用来表示在 $v_x + \mathrm{d}v_x$，$v_y + \mathrm{d}v_y$，$v_z + \mathrm{d}v_z$ 的元胞中的分子数

$$f(v) = f(v_x, \ v_y, \ v_z)$$

$$= \frac{N}{V}\left(\frac{m}{2\pi kT}\right)^{\frac{1}{2}} \exp\left[-\frac{m(v_x^2 + v_y^2 + v_z^2)}{2kT}\right]$$

或按速率 v 的分布

$$\frac{N(v)}{V} = \frac{N}{V} \cdot 4\pi v^2 f(v)$$

$$= \frac{N}{V} \cdot 4\pi v^2 \left(\frac{m}{2\pi kT}\right)^{\frac{3}{2}} \exp\left(-\frac{mv^2}{2kT}\right)$$

上面两个分布函数被称为麦克斯韦分布律，早在 1859 年麦克斯韦就根据分子速度的相互独立性和各向同性的假设推导出来。图 3.8 表示了不同温度的 $f(v)$。20 世纪对分子束速率分布的测量，证实了理论预言的速度分布律。至于从分子动力论的角度来

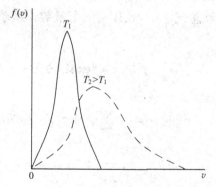

图 3.8　不同温度气体分子运动速率的分布

探讨分子速度分布的演变和麦克斯韦分布律的建立问题，将在第五章予以讨论。

如气体处于重力场之中，则气体分子不仅有动能 $mv^2/2$，还有势能 mgh。按照玻耳兹曼统计，可求出在高度 h 处的气体密度 n，和高度为零处的气体密度 n_0 应满足如下的关系式

$$n = n_0 \exp\left(-\frac{mgh}{kT}\right)$$

这一结果说明了为什么高山上气压要降低。

在上面对于微观状态数的计算中，将粒子视为具号码的小球，即认为粒子是可以区分的。这是经典统计（或玻耳兹曼统计）的特征。20 世纪 20 年代量子力学问世，揭示了微观粒子实际上是不可区分的，于是，量子统计应运而生，这方面的问题将在第八章中加以讨论。

夹缝里的文章——涨落

由于物体都是由大量分子（或原子）所组成的，而分子（或原子）总在做不断的且无规的热运动。它们速度大小和方向不会一致，满足一定的规律而分布，诸如气体分子的速度遵循麦克斯韦分布。但是，宏观热力学量表观上却是整齐划一，因而与内在分子的无规性之间似乎存在一条鸿沟。跨越这一鸿沟的物理现象就是涨落。1904 年，青年的爱因斯坦敏锐地察觉到这一点，处理涨落的理论，成为他一生中第一项重要工作的先驱。

下面简单介绍爱因斯坦的基本思路：

由于 $S = k \log_e W$ 关系式的引入，使得热力学第二定律只有统计上的可靠性。热力学第二定律所禁止的过程，并不是绝对不可能发生，而只是出现几率极其小而已。通常用来描述物质平衡态的宏观物理量对应于统计的平均值，它是几率最大的值。但很可能出现与平均值的偏离，这就是涨落现象。

设想有一个由子系统与环境组成的孤立系统。总熵值 S_t 等于子系统熵 S 与环境熵 S' 的总和。令 x 表示子系统的某一物理量，在平衡态，$x = \bar{x}$，总熵为

$$S_t\left(\bar{x}\right) = S_0 = k \log_e W_0$$

当子系统取 x 值时，总熵等于

$$S_t(x) = k \log_e W'(x)$$

那么

$$S_0 - S_t(x) = -k \log_e \frac{W'(x)}{W_0}$$

令 $W(x)$ 为子系统处于 x 值的几率，即

$$W(x) = \frac{W'(x)}{W_0}$$

就得出

$$W(x) = A \exp \left| \frac{S_t(x)}{k} \right|$$

将平衡态附近的 S_t 作泰勒级数展开，舍弃高次项，由于在平衡态 S_t 为极大值

$$\left(\frac{\partial S_t}{\partial x} \right)_{x=\bar{x}} = 0, \quad \left(\frac{\partial^2 S_t}{\partial x^2} \right)_{x=\bar{x}} < 0$$

即得

$$S_t = S_t(\bar{x}) - \frac{1}{2} \beta (x - \bar{x})^2$$

令 $\Delta x = x - \bar{x}$ 代入 $W(x)$ 的表示式，得到

$$W(x) = D \exp \left[\frac{-\beta (\Delta x)^2}{2k} \right]$$

定出系数 D，β，则

$$W(x) = \frac{1}{\sqrt{2\pi (\overline{\Delta x})^2}} \exp \left(\frac{\Delta x^2}{2(\Delta x)^2} \right)$$

这表明物理量 x 在平均值附近的分布等同于概率论中的高斯分布，常用于分析实验结果的误差。而偏离的根均方值约略地反映了分布曲线的宽度（见图 3.9 的 $W(x)$-x 曲线）。

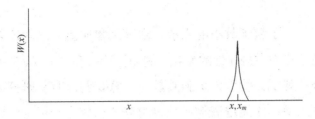

图 3.9 $W(x)$-x 曲线

在定容条件能量涨落的均方值计算结果为

$$\overline{(\Delta E)^2} = kTc_V$$

这里的 c_V 为定容比热,涨落与绝对温度成正比。对于分子数为 N 的理想气体,可以求出涨落的相对尺寸

$$\frac{\sqrt{\overline{(\Delta E)^2}}}{E} \sim \frac{1}{\sqrt{N}}$$

这一结果具有典型意义,相对涨落值与粒子数的平方根成正比。

如果考虑密度涨落,可求出

$$\frac{\overline{(\Delta N)^2}}{N^2} = \frac{\overline{(\Delta V)^2}}{V^2} = \frac{kT}{V}K_T$$

这里的 K_T 为等温压缩率。对于理想气体也可导出相等涨落正比于 $1/\sqrt{N}$ 的结果。

相对涨落的根均方值与 $1/\sqrt{N}$ 成正比的结果,虽然只是根据理想气体比热或压缩率导出的。但由于物质比热或压缩率和理想气体差别的倍数不是太大。所以这一规律还是具有一定的普遍意义的。对于宏观物体,N 可以达到 10^{24} 的量级,其涨落仅为 10^{-12} 的量级,可以说是微不足道,几乎是任何实验方法都观测不出来。和图 3.9 相应的高斯分布曲线,势必收缩为一看不见的狭缝。这样一来,统计规律与热力学规律并无实质性的差异。也可以说,在涨落被抹平之后,统计规律所述的闭合系统中熵减少的概率甚小,就和热力学规律认定的不可能性几乎就是同义词了。由于热力学所处理的都是宏观物体,从此角度来看,似乎涨落的研究只有理论性的意义,毫无实用价值。

然而，对于粒子数小的系统，涨落现象明显，这就需要强调统计规律性与热力学规律性的差异。例如，$N = 36$，则 $1/\sqrt{N} = 1/6$，涨落就十分可观了。爱因斯坦独具慧眼，意识到只有从研究粒子数较少的体系入手，才能澄清物质是否由分子构成这一疑难问题。所以他就从涨落现象出发，进而研究布朗运动的理论。所谓布朗运动的最早报道是荷兰医生英根豪斯（J.Ingenhausz）于 1785 年做出的，他观测了悬浮在酒精表面上焦炭粉末的无规运动。随后，苏格兰植物学家布朗（R.Brown）在显微镜下观测到水中的花粉或其他悬浮微粒总在不停地做无规的折线运动，1828 年，他在哲学杂志上发表论文描述这一现象，即被称为布朗运动。但几十年下来，一直是不解之谜。爱因斯坦在 1905 年发表了关于布朗运动理论的论文，找到了解谜的钥匙，也指出了用实验来证实物质中分子和原子存在的具体途径。

图 3.10　青年时代的爱因斯坦（1879～1955）

爱因斯坦考虑的出发点在于悬浮微粒不断地受到液体中各方向来的分子撞击，若某一瞬间在某一方面撞击数超过了其他方面，就会引起微粒沿某一方向产生位移。这种不平衡作用力大小和方向都是涨落不定的。因而驱使了微粒做无规的运动。微粒的位移 x 和粒子数的密度都可以遵循涨落理论的高斯分布。考虑最简单的一维模型，就得出如下的关系：

$$\overline{x^2} = 2Dt$$

这里 D 是扩散系数，t 是时间。表明粒子无规位移平均值虽为零，但其平方的平均值并不为零，而是随时间 t 作线性的增长。关系式将宏观的扩散系数和微粒运动参量的关系明确地联系在一起，这是爱因斯坦奇迹之年（1905 年）的三项重要的物理学工作之一。

到 1908 年，佩兰对布朗运动微粒进行了细致定量的观察，全面证实了爱因斯坦的理论，并且成功地测定了玻耳兹曼常数 k 或阿伏伽德罗常数 N_A（由于 $k=R/N_A$，R 为理想气体常数）（见图 3.11）。从而肯定了原子和分子是确实存在的，并将分子动力论和统计力学建立在牢固的实验基石之上，使持反对原子论观点的科学家终于偃旗息鼓。佩兰以此而获得了 1926 年的诺贝尔奖。

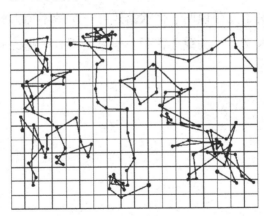

图 3.11 布朗运动微粒轨迹（引自佩兰的原始论文）

热力学系统涨落的根均方值，总的说来确实不大。但也不排除存在个别稍大的涨落，虽则也许要等待一段较长的时间方能出现。这类较大的涨落，可以和外界所施加的不太大的干扰等量齐观。对系统的小干扰和系统产生的线性响应，就构成近平衡区的非平衡态的热力学和统计力学的基础。昂萨格（L.Onsager）就根据对时间反演的对称性推导出输运系数的倒易关系而获得 1968 年诺贝尔化学奖。

值得注意，涨落的效应在一些特殊情况下也可在宏观尺寸的物体中得到体现。例如，在某些相变点附近，c_V 或 K_T 会趋于无限大。在这种情形下，涨落就变为支配系统行为的主导因素，导致临界现象的出现。其根源在于各个分子（或原子）的涨落不再是各不相干、独自为政的事情了。而是相互串联起来，从而产生宏观的效应。1869 年英国学者安德鲁斯（T.Andrews）在气-液相变的临界点附近狭窄的温区里，观测到了临界乳光，就是一个显著的例子。临界现象虽然发现较早，但理论解释一直悬疑不决。因为这涉及了凝聚态物理学中的复杂多体问题。到 20 世纪 60 年代和 70 年代，由于标度律和普适性得到确认，重正化群理论的发展，最终导致了理论的解决，威尔逊（K.G.Wilson）以此而获得 1982 年的诺贝尔奖。

这几个例子充分说明了像涨落这样一个貌不惊人的夹缝中，也可以出不少大文章，关键还在于科学家是否有高超的洞察力来发现问题。

第四章
无序对有序——熵与能之间的较量

为了将上章所论述的熵作为系统混乱度的度量这一关键性的概念阐述得更加清楚，有必要将自然界经常发生的有序——无序转变的实例进行具体的分析，例如合金中的有序-无序相变、铁磁性与反铁磁性相变，这些例证都落实了玻耳兹曼的熵的统计解释。另一方面，软物质中熵致有序的事例，表观上看来，都似乎和熵的统计含义相抵触，只有通过较认真的分析，才能使其真相大白，从而表明它和玻耳兹曼关系式并不矛盾。

黑白交错——有序乎？无序乎？

本书的主要线索即在于各种情况下，有序与无序这两个基本概念如何贯穿在物质结构的各个类型和层次之中。为了使读者对于有序与无序在概念上有清楚的认识，我们不妨将上章中的棋盘游戏继续下去，探讨黑、白棋子在棋盘式的网格上的具体分布情况。

我们将黑、白两种棋子（各占一半）放在棋盘网格上。可以采用两种不同的方式来进行。一种是按精心设计好的方案，沿横行与竖行将白子与黑子彼此相间排列起来，如图 4.1（a）所示，黑白分明，井然有序；另一种是将白子与黑子掺和起来，盲目地抓一个子，放在网格的任意格位上，直到填满为止，结果将如图 4.1（b）所示，黑白混淆，杂乱无章。这两种状态对照鲜明，判然有别，分别体现了有序态和无序态。在有序态图 4.1（a），黑白棋子各有特定的座位，在各自的格位上，占有率分别为 100%；而在无序态图 4.1（b），所有的棋盘格位对于黑白棋子都一视同仁，毫无偏向。每个格位上黑子与白子的占有率，就统计而言，都等于 50%，实际格位为哪一种棋子所占，纯粹是随机行为的结果，并非于事先的策划。正因为彻底无序，统计的规律性就清楚地呈现出来。我们不妨设想一个黑白参半的棋子来代表黑、白子占有率分别为 50%格位，画在图上，我们就得到图 4.1（c）所示的情况。

总结一下，无序图像具有统计式的周期性，棋盘的网格就对应于它的晶格，从无序图像转变为有序图像，不仅图像结构有变化，而且重新获得了严格的周期性。当然，还可以存在另一种黑白分明的有序排列，即黑白棋子分处棋盘两半，如图 4.1（d）所示。

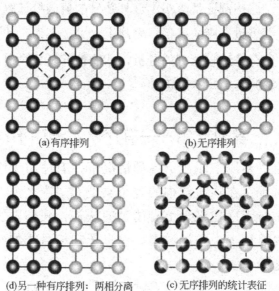

(a)有序排列　　　　　　(b)无序排列

(d)另一种有序排列：两相分离　　　　(c)无序排列的统计表征

图 4.1　棋盘上黑白棋子排列的有序与无序

概念落实——序的转变

下面我们就从概念图像回到现实世界。我们知道，完整晶体中每一格位上的原子都具有特定的品种，不可随意变更。假如我们意在保留晶体结构的骨架，但对格位上的原子以其他化学品种的原子来进行无规的替代。结果当然是破坏了晶体严格的周期性，从而引入了替代无序。应该说这是一种比较轻微的无序，在 20 世纪二三十年代所进行的二元合金有序-无序转变的研究，将这一事实予以确认。

合金的结构有两类，一类是替代无序的，如通常的固溶体；另一类是替代有序的，如金属化合物。找这两类合金的事例，俯拾即是，无需烦神；但要观测替代无序到替代有序的转变，就需要选择合适的合金作为观测窗口。科学家通过探索发现，CuZn 合金在 742k 和 AuCu$_3$ 合金在 665k 都存在有序-无序转变的迹象。CuZn 无序相是体心立方结构，而有序相则为原点和体心位置分列 Cu、Zn 原子所组 CsCl 结构。虽然 CuZn 合金的有序-无序转变具有典型性，但由于 Cu、Zn 的原子序数太接近，两者对 X 射线散射的差别太小，X 射线衍射不易辨别，只有在中子衍射技术发展以后，其有序-无序转变方得到确认。和图 4.1 (d) 相对应的有序相的出现，则相当于合金中出现了相分离，分解为两种纯相。

另一类型的有序-无序转变是磁性转变。对于物质磁性的基础研究始于 19 世纪，特别值得一提的是法国物理学家皮埃尔·居里（P.Curie）于 1895 年所从事的这方面基础研究。这项工作虽然不像他后来和他的夫人共同从事的放射性研究那样轰动于世，却也是十分重要的。居里精确测量了铁、镍、钴等物质的磁化率随温度变化的关系，发现了临界温度 T_c。在 T_c 以上，这些物质就丧失了铁磁性，转变为顺磁性。后来人们为了纪念居里所作的贡献，就称这一临界温度为居里点，例如铁的居里点为 770℃。

如何来理解铁磁性到顺磁性的转变呢？它和前面讨论合金有序-无序相变不无相似之处，只是机制更加微妙，内容更加丰富。假设晶格上原子具有特定磁矩，可以用一局域自旋矢量来表示。在高温下，这些自旋取向完全无序，反映在磁性质上表现为顺磁性（参看图 4.2（a））；在居里点 T_c 以下，磁矩作顺向排列，就呈现了铁磁性（参看图 4.2（b））。铁、镍、钴，具有铁磁性是早为人所共知的，在 20 世纪 40 年代，法国科学家奈耳（L.Néel）发现一种新磁有序结构，即磁矩作反平行排列的反铁磁性，对应的临界温度被称为奈耳点，MnO 就是一个实例。奈耳就是由于这一重要发现而获得 1970 年的诺贝尔奖。图 4.2 画出了相应磁无序和磁有序结构的示意图，以及相应的磁化率 χ_m 及自发磁化强度与温度的关系。图中的 T_c、T_N 及 T_F 为各种类型磁有序相的临界温度。

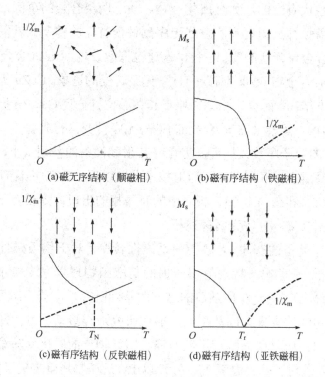

图 4.2　磁无序和磁有序结构的示意图与相应的磁化率 χ_m 及自发磁化强度与温度的关系

由于自旋作反平行排列，反铁磁性物质虽然具有磁有序结构，但其宏观磁矩的总和为零。它不像铁磁性物质那样显示强的磁性，它的磁化率随温度变化的曲线的特色为在奈耳点为一尖峰（在图 4.2（c）上表现为一尖谷）。后来又发现有些物质，虽然自旋作反平行排列，仍然可以具有强的磁性，只要反平行排列的自旋矢量大小不等即可。这类磁性被称为亚铁磁性（见图 4.2（d））。铁氧体这类技术上十分有用，具有高电阻率的强磁性材料就具有亚铁磁性。
而人类最早发现的吸铁石，即磁铁矿 Fe_3O_4，过去被误认为是一种铁
磁性物质，事实上是亚铁磁性物质，也是铁氧体家族的一个成员。
由于中子衍射对磁矩敏感，中子衍射就成为探测磁有序结构的强有
力的实验方法，证实了过去间接地猜测出来的铁磁、反铁磁与亚铁
磁等磁有序结构。许耳（C.G.Shull）之获得 1994 年诺贝尔物理奖，
就是由于他用中子衍射研究磁结构的贡献。

　　显然，磁相变要比相应的二元合金的有序-无序转变要复杂，描
述铁磁相变的经典模型，如海森堡模型，就假定自旋取向可以在
三维空间中连续变化；将此模型稍加简化，就有所谓 X-Y 模型，
假设自旋取向可以在 X-Y 平面内转动；再将问题进一步简化，只
考虑自旋的正反取向，就得到伊辛（Ising）模型，它就和二元合
金有序-无序转变的问题一一对应起来，↑自旋和 A 原子相对应；
↓自旋和 B 原子相对应。正由于伊辛模型可以模拟不同的物理系
统，又比较容易求解，因此在凝聚态理论中扮演了相当重要的角
色。图 4.3 表示了伊辛模型和不同的物理系统之间存在对应关系。
除了磁系统、二元合金外，晶格气体：某些格位被占，其余空缺，
也是一个例子。

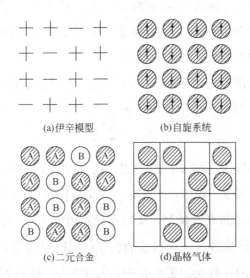

图 4.3　伊辛模型及相应的物理系统

我们可以引入序参量 η 来定量表征铁磁体有序化的程度

$$\eta = \frac{\sum_i \sigma_i}{N}$$

这里 N 表示系统的格位数，若 i 格位上自旋系统向上，则 $\sigma_i = 1$；若自旋向下，则 $\sigma_i = -1$。若 $\eta = 1$，就表示完全有序；若 $\eta = 0$，对应于无序相。

寻根溯源——能与熵的较量

上面我们对于有序-无序转变作了一个轮廓性的介绍。如何从物理上来理解这一问题呢？这就需要求助于热力学和统计物理了。在热力学中，一个和周围环境处于热平衡状态的系统，它的自由能 F 应为极小值。自由能由二项构成

$$F = U - ST$$

第一项是内能，它是系统中各个原子或自旋的相互作用能量之总和；在第二项中，T 是热力学温度，反映了系统中原子热运动猛烈的程度，而 S 为熵，用来度量系统中混乱的程度，即无序度。按照玻耳兹曼熵的统计解释，它和微观状态数相对应。物质的平衡态就取决于能量和熵相互竞争的结果。简单说来，能量是有序结构的支柱，而熵则是无序结构的靠山。

我们就拿伊辛模型来阐述有序-无序相变的物理问题。

伊辛模型的相互作用能可以表示为：

$$U = -\sum_{i \leqslant j} J \sigma_i \sigma_j$$

按照格位上自旋为 ↑ 或 ↓，$\sigma = 1$ 或 -1。这里的 J 为一对最近邻自旋相互作用能。若 $J > 0$，平行自旋间的相互作用倾向于降低自由能，有利于形成自旋的平行排列，即铁磁体；若 $J < 0$，则倾向形成反平行排列，即反铁磁体。一对自旋的相互作用能与温度无关，但内能和自旋在格位上的排列状况密切有关。若 $J > 0$，则同类自旋近邻对愈

多，内能的绝对值也愈大；$J < 0$，则情况正好相反。熵 S 的数值取决于格位上的自旋排列的情况，无序则熵大，有序则熵小。这样求解（即求出序参量与温度的关系）的物理条件都已具备。

一维伊辛模型的解在提出此模型的论文之中就已解出，即当 $T > 0$，都是无序态，就是在有限温度时不发生相变。确切地求解二维伊辛模型，则相当困难，科学家探索多年，毫无结果。在 1944 年昂萨格（L.Onsager）终于"漂亮而出人意料地"（杨振宁先生的评语）获得了这一模型的确切解，被认为是对 20 世纪统计物理学做出了重大贡献。三维伊辛模型的确切解至今尚无人求出，好在级数展开数值近似计算的结果足资参考。

一种常用的简化处理伊辛模型的方法是平均场理论。可以根据序参量 η 来确定一个平均场的环境，将格位上的自旋感受到由序参量所确定的平均场的作用，从而简化内能的计算。设每一个格位的配位数（即最近邻数）为 z，内能就近似等于

$$U = -\frac{1}{2}N\eta zJ$$

而熵的计算也可以得到简化。这样就不难将序量与温度的关系求出。

我们知道在 $T = 0\mathrm{K}$，$T = 0\mathrm{K}$，$S = 0$（这一问题将在第八章中详细讨论），自由能极小就等于内能的极小。由于内能是负值，就相当于其绝对值为极大，即 $\eta = 1$，平衡相将是完全有序。另一方面，当 $T \to \infty$，自由能极小，相当于 S 的极大，即 $\eta = 0$，平衡相将是完全无序。在这两种极端情况之间将存在临界温度 T_c，在 T_c 以上是无序相，$\eta = 0$；在 T_c 以下是有序相，$\eta \neq 0$。T_c 的数值取决于关系式

$$\frac{kT_c}{zJ} = K$$

K 为常数，具体的数值在不同理论中略有差异，大体在 0.566 到 1 之

间，kT_c 反映了热运动导致无序化的因素；而 zJ 则代表了自旋间相互作用导致有序化的因素；分别反映了熵和内能之间的较量。序参量和温度关系的理论曲线显示于图 4.4，图中 η 为序参量；c_m 为比热；χ_m 为磁化率。可以清楚看到序参量从 $T=0K$ 处的 1 随温度上升而逐渐下降，到 T_c 处为 0，而磁化率 χ_m 在 T_c 处发散，T_c 以上为顺磁相。在 T_c 处还存在一个比热的尖峰。

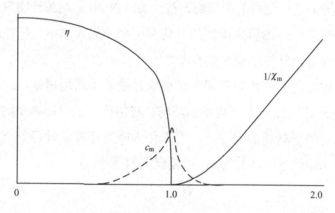

图 4.4　典型铁磁体中若干物理量随约化温度变化的关系

从阳刚到阴柔——走进软物质的世界

传统固体物理学家所关注的对象是固体——包括了通常的金属、半导体和陶瓷等物质。在微小的外界作用下，这些固体不容易发生形变，换言之，具有刚性。但在我们的日常生活中，经常会碰到另一类物质，诸如豆浆、豆腐、果冻、洗涤剂、墨汁和手表中的液晶等。这类物质往往在外界微小作用下发生显著的变化。诸如：一点红卤就可以将豆浆变为豆腐；少量阿拉伯胶就能使墨汁稳定起来；不多的硫就使橡胶交联成为有用的橡皮；几滴洗洁净就会产生一大堆泡沫；一颗纽扣电池就可以驱动手表几年。研究这类介乎液体与固体之间物质，过去一直是化学家的世袭领地。从 20 世纪后

半叶开始，物理学家方始插手其间，和化学家携手合作，取得不少
重要的成果。法国科学家德热纳（P.G.de Gennes）以其在液晶物理
和高分子物理中开创性的工作而获得了 1992 年诺贝尔物理奖。在
他的获奖演说中即以"软物质"为题，从而"软物质"一词不胫而
走，风行一时，成为这类液体与固体之间的复杂液体的通称，用以
区别于传统的固体。软物质的结构特征在于宏观（～10^{-4}m）与微
观（～10^{-10}m）之间还存在一个或一个以上的结构层次，对应于介观层

图 4.5　软物质的世界

次，其尺度在纳米（10^{-9} m）与微米（10^{-6} m）范围之内。这就是这类物质具有异乎寻常的物性之根源。

液晶是最早被仔细研究的软物质。液晶，这名称令人疑惑，通常人们认为液体和晶体迥然有别，界定清楚，但确实存在液晶。早在 1888 年奥地利植物学家赖尼策尔（F.Renitzer）将胆甾醇苯酸酯（$C_6H_5CO_2C_{27}H_{45}$）熔化后加热到 178.5℃，混浊的液体突然变得清亮，这一温度被称为清亮点（clearing point），最初他疑心液体显得混浊是杂质的效应，经过反复提纯后却仍然如此，因而可以排除是杂质起作用的假设。而且这种由混浊到清亮的过程是可逆的，这意味着在清亮点发生了某种相变。从清亮的通常液体变为一种看起来混浊的物相。他将这一结果告诉了德国物理学家雷曼（O.Lehmann），经过雷曼仔细研究，发现许多有机化合物都可以在熔点以上、清亮点以下出现混浊的中介相。中介相的力学性质和液体类似，具有流动性；而其光学性质则呈现各向异性，与晶体类似；因而命名为液晶。

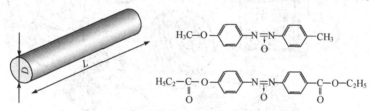

图 4.6　棒状液晶分子的示意图与分子式

构成液晶的有机分子是棒状的，分子量一般在 0.2～0.5kg/mol，长度约几个纳米，长宽比在 4～8。分子结构往往嵌有几个苯环，使其保持硬棒的形状。（参看图 4.6）1922 年法国晶体学家弗里代尔（G Friedel）对液晶的结构进行了全面的研究和分类，确定其对称性和有序性的特征。最常见的是丝状相（nematic）和脂状相（smectic），它们棒状的分子大体上按照一特定的取向排列起来，而脂状相还加上了分层结构，如图 4.7 所示。与之相比较的是清亮点以上的各向同性的液体。

图 4.7 各向同性相、丝状相和脂状相

软物质的另一品种是胶体。胶体化学早就是物理化学的一个分支，源远流长。但还残留许多科学问题尚待解决。举一个例子来说：宝石中有一种名贵的品种，叫做蛋白石（opal），以绚丽多彩耀人眼目而称著。20 世纪 70 年代澳大利亚的学者对蛋白石的结构进行了深入观察和研究，发现蛋白石的结构单元就是 SiO_2 的胶体小球，小球内部是无定形的玻璃态，但小球的尺寸大致相等，都是亚微米的量级。大量小球排列成三维的周期结构，其晶体间距正好可以引起可见光的衍射，从而找到了其颜色变幻的物理根源。同时也启发了科学家人工合成这种珍贵宝石的有效途径（参看图 4.8），从而使大量胶体小球会自发的汇聚成类似于晶体的周期结构（其晶格间距仅为实际晶体的千分之一）。但也提出了一个物理问题：即这些小球系统为什么会自发结晶起来？其具体机制值得探索。

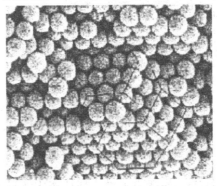

图 4.8 人工合成的蛋白石（扫描电镜显微照片）

　　另一类软物质就是聚合物（或称为高分子材料）。聚合物包括塑料、纤维、橡胶以及其他材料，聚合物广泛应用于社会生产的各个领域和日常生活的各个角落。因此，我们目前就生活在充满了聚合物的世界之中。另一方面，聚合物对于生物与人体也是至关重要的：蛋白质、核酸、纤维素、多糖等天然聚合物是构成生物体的物质基础。因此不管对材料科学还是生命科学，聚合物都是非常重要的。

　　聚合物系由长链大分子（通称为高分子）所构成。高分子的构造基元为单体（monomer），高分子的单体数通常在 $10^2 \sim 10^5$ 范围之内。图 4.9 给出了若干高分子的单体构造式，单体可以简单重复来构成高分子，例如：

这里的 A：重复单元，X、Y 为单体终端单元，在聚乙烯的情况，X = Y = H。

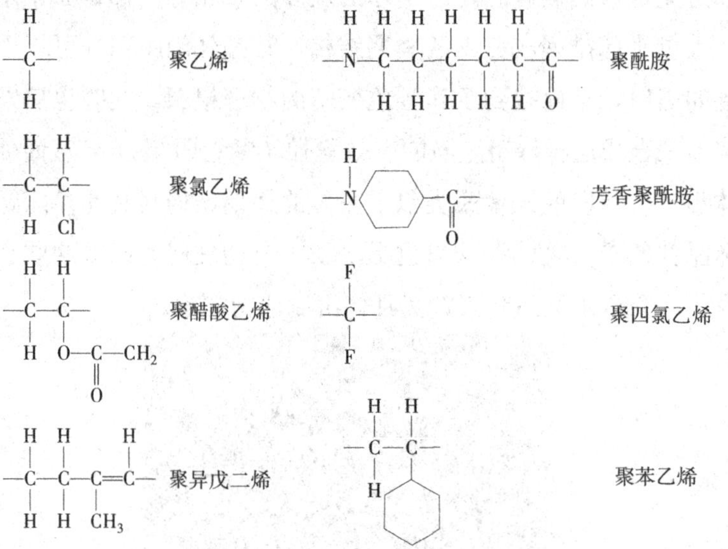

图 4.9　若干形成聚合物的单体结构式

$$X\text{–}A\text{–}A\text{–}A\cdots A\text{–}A\text{–}Y$$

　　长链中的单体不一定完全等同，往往会出现许多种不同的变形。在共聚物，两种不同的单体无规地排在链上，例如

–A–B–B–A–B–A–A–A–B–A–

也可以形成有序的序列，如块状共聚物。而在生物体聚合物之中，各个单体几乎都不一样，是更加复杂的非周期序列的聚合物。

关于高分子链构象的另一个重要特征，就涉及链的刚性和柔性的问题。大体上可分为三类：刚性链、柔性链和螺旋链。在主链中含有苯环或杂环的高分子具有刚性链，是棒状的；而像聚乙烯这样的高分子，主链是由 C–C 单链所构成，尽管键长键角基本固定，由于存在能量相差不多的几种基本构象之间可以通过键内旋转来实现，从而使分子链看来千姿百态，像一团无规则的线团，这就是柔性链。还有一种螺旋链，本质上是柔性链，即主链的链内旋转势垒并不太高，再加上分子内的相互作用，可以形成较稳定的螺旋构象。螺旋构象有的是单股的，也是多股的（图 4.10）。

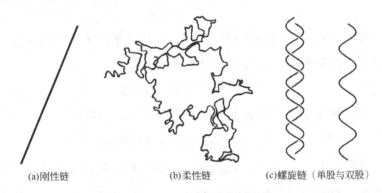

(a)刚性链　　　　　　(b)柔性链　　　　(c)螺旋链（单股与双股）

图 4.10　聚合物的三种典型构象

大师的洞见——熵致有序

液晶的形成过程之关键在于降温中发生了从各向同性的液体转变为丝状相的相变，产生这一相变的物理本质颇耐人玩味。首先提出理论解释的是一位兼通化学与物理的理论大师昂萨格。

在 1949 年，昂萨格关注于液晶的相变问题，即如何从各向同性的常规液体转变为分子都顺向排列起来的丝状液晶。昂萨格以他所特有的物理洞见抓住了这一问题的主要矛盾，将棒状的液晶分子看

图 4.11　昂萨格（1903～1976）

成为除了分子之间不可穿透性之外不存在其他相互作用力的硬棒系统。设想在等温条件下逐步增加液晶分子的浓度，内能几乎不变。他将系统的熵分为两个部分，其一是取向熵 S_1，若分子都顺向排列，则取向熵应该小；若分子杂乱排列会导致取向熵增大。其二是平动熵 S_2，分子的平移运动会影响到分子可能经历的状态数，因而有对应的熵值。如果分子的平移范围受到限制，会导致平动熵减小。因而硬棒系统的总熵等于两类熵的总和

$$S = S_1 + S_2$$

对于无相互作用力的硬棒系统，在等温条件下的平衡状态对应于自由能的极小值，令自由能的变量可写为

$$\Delta F = \Delta U - T\Delta S$$

由于等温和无相互作用的条件决定了 $\Delta U = 0$，所以，

$$\Delta F = -T\Delta S = -T(\Delta S_1 + \Delta S_2)$$

这样一来，如何使（$\Delta S_1 + \Delta S_2$）成为极大值就成为决定平衡相的条件。我们知道：取向熵 S_1 的数值以分子杂乱排列最大，顺向最小。因而当棒状分子的间距甚大时，分子间彼此的运动几乎不受阻碍，因而排列的状态对于平动熵的影响甚小，可忽略不计。因而可以设想，取向熵的极大值就决定了此时平衡态对应于完全混乱的分子排列。如果分子间距逐步缩小，棒状分子的运动将其他分子阻碍，直到所有棒都相互嵌住，动弹不得为止。此时取向熵仍然保持原值，但平动熵却大量减少。如若此时所有分子都顺向排列起来，虽则取向熵有所减少，但每个分子周围容许运动的体积就有所增大，从而使平动熵的增大超出取向熵的减少。这样，平衡态将是分子都顺向

排列起来。可以设想，存在某一临界分子间距（或临界分子浓度），当分子浓度大于此临界值时，棒状分子会自发的顺向排列起来，换句话说，发生了各向同性液体到丝状液晶的相变。这是昂萨格液晶相变理论的基本骨架。当然作为定量的理论，其中必然要采用相当繁复的数学。

从以上的论述可以知道，熵致有序，即增大系统的熵来获得有序相，并不是一句矛盾修辞，而是根据玻耳兹曼熵的统计解释，就软物质的具体情况加以分析推断，从而得到的一个科学结论。表面看来，有悖常理，但在软物质这一特定场合（内能没有变化或变化甚微）却顺理成章了，其中关键的环节在于有序化导致了体系中容许运动的自由空间的增加。

上面的一些论证不仅对于硬棒系统有效，对于硬球系统也有效。在计算机模拟的初期，20世纪的50年代，科学家利用硬球系统来模拟从液体到固体的凝固相变，也获得熵致有序的结果，正好用来解释大量胶体球构成的系统中出现的结晶现象，例如合成蛋白石（参看图4.8）。

在大小胶体的混合系统，常常出现大球相和小球相的相分离。在这里，混合熵的损失被球体自由体积增大引起平移熵加大所补偿（参看图4.12）。另外胶体中球棒的混合体系，也会通过相变产生了丰富多彩的相结构（参看图4.13），这些都是熵致有序的结果。近年来，采用化学自组装方法，合成从微米到纳米尺度的、各种各样的介观有序结构，已经成为当今材料科学的热门问题，而熵致有序乃是这类科学实践的重要指导方针。

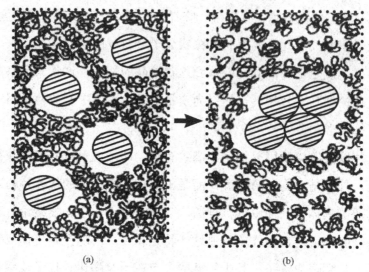

图 4.12　不同大小胶体粒子系统中相分离

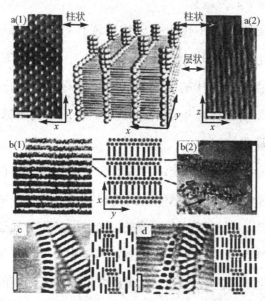

图 4.13　胶体球棒混合系统中丰富多彩的相结构

弹性与高弹性——键力与"熵力"的比照

　　早在 17 世纪，胡克（R.Hooke）就得出了物体弹性形变的基本规律，即胡克定律，表明物体的伸长与外加作用力成正比的关系，或更确切地说：应力与应变成正比。我们知道，一个系统的平衡状态系由其自由能 $F=U-TS$ 的极小值所决定。在外力作用下将物体拉伸或压缩，就会偏离其平衡态，从而使其自由能增大。由于内能 U 和熵 S 对于自由能都有贡献，因此，自由能 F 的增大既可由内能增大所导致；亦可由熵减小而导致。前者描述了常规固体（即硬物质）的弹性行为；后者则是以橡胶为代表的软物质经常出现高弹性的根源。弹性与高弹性的明显差异，表现在弹性形变的难易程度以及所能达到的范围。对于常规固体，弹性模量甚大，其范围却小，最大不过百分之几；而橡胶则非常容易形变，弹性模量甚小，而且范围极宽，达到百分之一百以上是轻而易举的事情。正是由于这两种弹性行为存在如此显著的差异，促使我们要进一步探索其物理根源。常规固体的原子与原子之间存在强烈的吸引相互作用力（键力），使得各个原子均处于平衡状态。若加外力强行拉开原子的间距，就使其互作用能增大，有一种和位移反向的作用力倾向于使它们恢复平衡位置。所以拉大原子间距，就需要对抗恢复力做功，从而使其内能增大。我们不妨采用最简单的一维键链模型来说明这一问题：设想 N 个原子构成的键链，令原子间距用 r 来表示，一对原子间的互作用势能 Φ 与 r 关系如图 4.14（a）所示。在平衡态，原子的位置将处于互作用势能的极小值之处，即 $r=a_0$。如果加外力对原子键链进行拉伸，产生伸长量 $x=r-a_0$，N 个原子的系统中，内能的增量

$$\Delta U = \frac{N}{2}\big[\Phi(a_0+r) - \Phi(a_0)\big]$$

则恢复力是键力的具体表示［参看图 4.14（b）］，

$$f = -\frac{\partial U}{\partial r}$$

则外力必须与恢复力相平衡来保持其拉伸状态，在 x 不太大的范围内，曲线即可视为直线，由此即可以得到胡克定律的正比关系。

下面我们转而讨论以橡胶为代表的软物质形变问题。

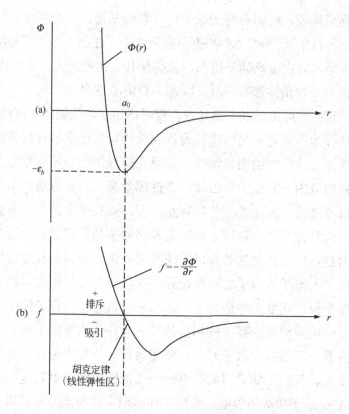

图 4.14 原子间的互作用势能及互作用力与原子间距的关系（示意图）

先来看单根柔性长链聚合物的拉伸。在拉伸之前，柔性聚合物呈松塌的平衡状态，热运动使它可能采取不同的位形，从而使其对应于熵的极大值。如果对其两端加上拉力，它可以将这一分子逐渐变直，而不影响其分子内各原子间的间距（参见图 4.15）。因而它并未对键力作功（即内能不变），而是减少分子线段可以采用位形数（即使熵降低），在这种情况下恢复力表现为对抗熵的下降，实质上是一种"熵力"。一般而言"熵力"要比键力微弱得多。这样一来，弹性形变变得轻而易举，而且可以达到甚大的伸长量。图 4.16 显示了近年来对单根 DNA 分子进行拉伸的实验结果，可以看出在形变的初期，大体呈抛物线状，这是对抗"熵力"的结果；到大量形变后，曲线趋于饱和值，表明分子拉直之后，要继续拉伸就得对键力做功,因而形变要困难得多。要阐明拉伸曲线全面情况就需要更加复杂的理论模型,参看图 4.16。

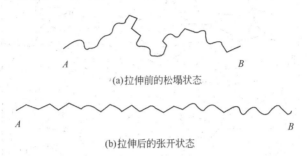

(a)拉伸前的松塌状态

(b)拉伸后的张开状态

图 4.15　单根柔性聚合物的拉伸

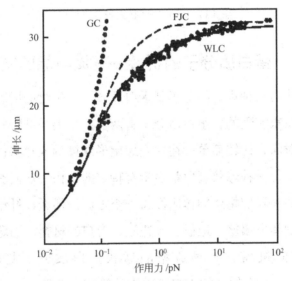

图 4.16　DNA 分子的拉伸曲线

图中几根曲线为根据不同理论模型而得到的计算值

GC 代表高斯链;FJC 为自由链接连;WLC 为蠕虫链

　　至于三维橡胶的高弹性形变,则可以理解为硫化形成交联点之间分子线段的拉伸,从一维变为(即克服"熵力")三维(参看图4.17),几何关系显得更复杂一些,但物理本质完全类似,也是一种熵致形变,即通过熵减小来实现高弹性形变。

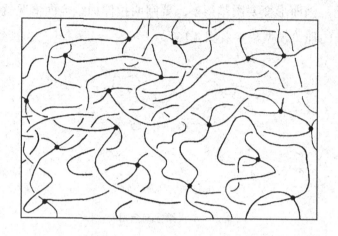

图 4.17　橡胶的交联无规网络模型

蛋白质分子的折叠——熵与能的交缠

生物体内一种重要的分子是蛋白质分子，生物的所有功能都是通过蛋白质来实现的。蛋白质分子有两类：一类是纤维状的，其分子结构相对而言比较简单，往往是螺旋形或排列成片状；另一类是球状蛋白，每一种球状蛋白都显示有特定的结构，从而获得了特定的功能。如果我们将生物体比拟为一个工厂，那么，纤维状蛋白就是构成生物体内墙壁、地板、天花板、窗户的材料；而球状蛋白就是房间里的机器。一种典型的球状蛋白质分子是肌红蛋白（myoglobin），它的功能为在肌肉中传输和存储氧，它的分子量是17500，分子中的原子数高达2500。但这在蛋白质中还算是最简单的，也是根据射线衍射方法成功定出蛋白质分子结构的首例。它由许多股氨基酸的链折叠而成球形（参看图4.18），这是蛋白质的三级结构；是由链状的螺旋或片状片（二级结构）所构成的；当然这些二级结构还是由许多分子（一级结构）连接而成的。不同的氨基酸序列导致蛋白质分子的不同折叠形态，这是它们具有特定功能的根源。

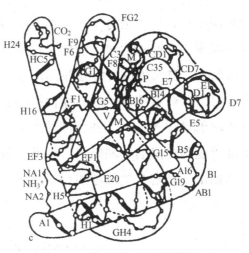

图 4.18　肌红蛋白分子的结构

　　在蛋白质分子的结构逐一被测定之后，一个重要的分子生物学问题就在于：如何从分子链的序列转变成为结构，换言之，即从一维无活性的多肽链如何折叠成为具有活性的三维结构的蛋白质。在这类折叠过程之中存在有极其复杂而且相互竞争的相互作用，其中包括了碳氢链上亲水、疏水的竞争，局域与广延的、非键与键之间的相互竞争。在折叠过程中，从大量的构形中约化为单一的自然构形，其中位形熵起了十分关键的作用。后期折叠态借助于周围动力学的效应，促使它快速地形成稳定的有序结构。因此蛋白质自组织的有序化过程反映了内能与熵的竞争以及动力学流动作用所起的共同作用。而科学家提出能量漏斗模型对于折叠过程熵与能的较量，作了很好的说明。按照这一模型，蛋白质的折叠过程可以类比为粒子在一定能量地形中的扩散过程，能量面是以蛋白质分子不同构象的自由能作为自由度展开的地形。如图 4.19 所示，其中横向尺度 S 代表位形熵的大小，纵向尺度 E 和 Q 则代表自由能和有序度的大小，其漏斗顶部对应于未折叠态，位形熵最大；而漏斗底部的最低能谷则对应于自然的折叠态，自由能最低而有序度最大。在蛋白质的一维多肽链折叠成为活性的三维蛋白质结构的过程中，系统的位形熵逐渐变小，蛋白质分子不同组态的自由度降低。为了使系统的自由能变小，必须通过内能的减少来补偿，最终达到了密致的唯一组态——自然蛋白质折叠态。由于相互作用竞争所导致的能量略有起伏的多个小能谷，也会使得折叠的热力学过程并非一帆风顺而表现出举止失措。另外软物质的动力学效应也有助于蛋白质更快地折叠到自然的终端结构。当然，蛋白质的具体折叠过程在当今仍然是一个富有挑战性的科学问题，尚待科学家进一步的研究。

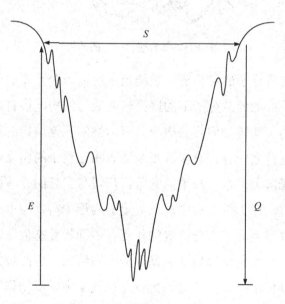

图 4.19　蛋白质折叠的漏斗模型显示的能量地形图

第五章
时间之矢——趋近平衡

"光阴似箭，日月如梭"，这两个学生作文中的习语反映了人们在日常生活中对时间的体验：时间之矢，从过去指向未来，过去和未来判然有别。日常生活是如此，自然科学又当如何？物理学中是否也有时间之矢呢？

开启演化之门——不可逆性

在物理学中，首先明确提出时间之矢的是英国天体物理学家爱丁顿（A.Eddington）。他在《物理世界的本质》这本书中就把熵喻为"时间之矢"。

在经典力学中，我们通常看不到"时间之矢"的迹象。例如，在保守力作用下的牛顿运动方程（作用力可以表示为势能 E_p 的负梯度）

$$m\frac{\mathrm{d}^2 r}{\mathrm{d}t^2} = -\frac{\partial E_p(r)}{\partial r}$$

它的解一般为 $r = f(r, v, t)$ 的形式。如果作时间反演变换，$t \to -t$，$v \to -v$，可以看出运动方程没有改变，而且时间反演的解还是成立的。又如，行星绕太阳运行的图像，若速度倒转，同样为牛顿定律所允许，差别仅在于初始条件不同而已。这样，时间的正向与反向是等价的，即其规律具有时间反演的对称性，见图 5.1（a）， （b）分别代表时间反演前后的情况。

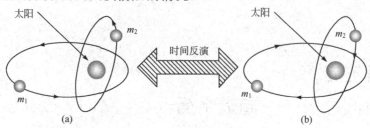

图 5.1　可逆的轨道运动

然而，一旦熵介入，情况就截然不同了。

事实上，一涉及热现象，本质上都是不可逆的，对时间反演的对称性荡然无存，可以说几乎所有现象都表现出明显的不可逆性。比如，向上抛一个球，然后让球和地面作来回碰撞，由于球与地面的碰撞是非弹性碰撞，有动能损耗，再加上空气对皮球运动的阻力，第二次弹起的高度比第一次要低，以后将逐渐降低，最后皮球就停止在地面上了；用调匙搅拌豆浆，豆浆产生流动，最后由于黏滞力的作用趋于静止；一头大象闯入瓷器店，将店里的东西砸得稀巴烂（参见图 5.2）……在这些过程中，时间之矢，显而易见：不可逆过程导致一种时间的单向性。逆了时间之矢进行，每个人都可想象倒放的影片所产生的令人惊讶的效果：火柴从火苗里再生；打破的墨水瓶，在墨水注回到它里面之后，又完整地回到桌面上；大量的分子全部自发的聚集到容器的一角……在上面的例子中，静止于地上的球，跃然而起，越弹越高；豆浆从静止状态出发，流动得越来越快；乃至于被大象撞破的瓷器碎片，飞回来重新嵌配成毫无裂缝的完整瓷器。凡此种种，都会令人感到有悖于常理，不可思议。这些实例均说明了这些现象是不可逆的，其根源在于热力学第二定律的制约。热力学第二定律破天荒第一次描述了实际过程的不可逆性，它以熵增加原理把演化概念引进了物理学。

(a)大象闯进了瓷器店

(b)破碎了的瓷器不可能复原

图 5.2　不可逆过程的实例，显示了时间不可能逆转

　　在某种意义上，可以说热力学的产生正是基于对于两种过程的区分：一是与时间的方向无关的可逆过程，二是与时间的方向有关的不可逆过程。也正是为了区分这两种过程，才引入了熵的概念。因为熵的增加仅仅是由于不可逆过程。

　　与常理相符的正序列，是遵循热力学第二定律的过程，熵随时间而增大；而与常理相悖的逆序列，乃是熵随时间而减少的过程，违背了第二定律。这亦是之所以我们实际观察不到逆时间之矢进行过程的原因所在，增加着的熵相当于系统自发地演变。于是，熵实质上变成了一个选择原则：在两种可能性中只有一类可以实现，抑或说可能在自然界中被观察到。熵成为演变的指示器——时间之矢：对一切孤立系统，未来就是熵增加的方向。

有一点必须指出，仅当一个系统的行为具有足够的随机性时，该系统的描述中，才可能有过去和未来间的区别，因此才可能有不可逆性，时间之矢才得以存在。

近水楼台——近平衡区的热力学

传统的热力学处理的具体对象是平衡态，对于变化过程进行理论计算，也限于可逆过程。对于不可逆过程，只有一般性的论断，如将导致孤立系统中熵的增加，但是无法进行具体的理论处理。由于对不可逆过程的研究愈来愈重要，这种情况到 20 世纪的 30 年代之后，开始有所改变，所谓不可逆过程的热力学应运而生。如果系统处于不可逆过程之中，那么系统之中像温度、压强、密度（或浓度）等强度量将是不均匀的；而像能量、熵、粒子数等广延量将会产生流动。这样就面临如何将这些热力学量推广到非平衡态中去的问题。如果偏离平衡态不远的话，换句话说，处于近平衡态区域，我们就可以将系统分为许多小的体元，在体元局部地区内可认为实现平衡状态。这些体元从宏观尺度来看是很小的，但从微观角度来看，却是包括大量的分子或原子。这就是局域平衡的假设，构成了唯象热力学方法用来处理非平衡态问题的基础。

在非平衡态中，由于强度量的不均匀性，就产生和温度梯度（$\partial T/\partial r$），浓度梯度（$\partial c/\partial r$）、压强梯度（$\partial p/\partial r$）相对应的广义作用"力"

$$x_i = -\frac{\partial T}{\partial r} \cdots$$

在广义"力"的驱动之下，产生各式各样的"流"Y_i，如粒子流、热流……。如果"力"与"流"线性关系成立，即

$$x_i = \sum_j L_{ij} Y_j$$

这里 L_{ij} 为联系"力"和"流"的系数。这些不乏其例，菲克定律所表述扩散粒子流与浓度梯度负值的正比关系、欧姆定律表明的电流密度和电场强度（电压梯度的负值）的正比关系，都是"力"与"流"线性关系的特例。但上面公式中的脚标 i 与 j 不一定相等，正代表广义"力"和"流"之间可能存在交叉影响。例如，浓度梯度也可能对热流产生影响，反过来温度梯度也可以影响粒子流。1931 年昂萨格根据对涨落的分析和微观动力学过程的可逆性，证明了系数

$$L_{ij} = L_{ji}$$

这就是昂萨格的倒易关系，它说明脚标 i，j 次序颠倒后，数值不变，这也表明交叉项具有对称关系。这是不可逆过程热力学最早的重要结果。昂萨格由此而获得了 1968 年诺贝尔化学奖。

下面来探讨非平衡系统中熵的问题。一方面，随着热量的流动应存在熵流；另外，在不可逆过程进行之中，各个体元内有熵产生。这样，整个系统的熵的变化就可以表示为

$$dS = d_i S + d_e S$$

等式右边第一项是熵产生，第二项是熵流。对于孤立系，熵产生不可能为负值，即

$$d_i S \geqslant 0,$$

但熵流为零，$d_e S = 0$，所以

$$dS = d_i S > 0$$

这就是我们已经熟悉的熵增加原理的又一表达式。但对于非孤立的非平衡系统，虽然 $d_i S > 0$ 始终成立，但视与外界作用的不同，熵流的值可正可负，而且其绝对值也可能有很大的差异，系统的总熵值

存在三种不同的可能性：

$d_eS > 0$，那么 $dS > 0$；

若 $d_eS < 0$，而 $|d_eS| = d_iS$，那么 $dS = 0$；

若 $d_eS < 0$，而 $|d_eS| > d_iS$，则 $dS < 0$。

我们已经熟悉，在不同的热力学系统之中，存在有某种势函数，其极值驱使系统趋近平衡态。在孤立系统，熵的极大值；在等温系统，自由能的极小值显然属于这种情况。现在的问题是在非平衡态是否也存在类似的势函数，驱使系统朝向某种稳定的、但不是平衡的状态演变。我们经常会遇到一些体系，外界的约束条件使得系统达不到平衡。例如，系统的两侧分别与两个温度不相等的大热库接触；或导体两侧保持不同的电压；……；普里戈金（I.Prigogine）提出在"力"和"流"保持线性关系的领域（满足倒易关系）之中，熵产生为极小值就提供这样的势函数。这就是最小熵产生原理。

系统中熵产生为极小值的状态是非平衡的定态（stationary state），这是一种非平衡态，存在有速率不为零的耗散过程。但描述系统的热力学量是和时间无关的。例如，温度虽然是不均匀的，但各点的温度和相应的温度梯度应保持定值。于是，熵值也应与时间无关，这样系统熵的变化应为零，$dS = 0$。这意味着熵产生与熵流相平衡

$$d_eS = -d_iS < 0$$

负的熵流表明系统向外界输出熵，导致周围环境之熵值的不断增长。定态和平衡态一样也是稳定的，即系统对于干扰的响应导致干扰的消减。在近平衡区域之中，如果外界约束条件不容许系统达到平衡态，那么系统不得已而求其次，将向熵产生值为极小的定态演化。这也体现了近平衡区在恒定约束条件下热力学的时间之矢。与向平衡态演变的过程相似，向定态的演变之中，初始的条件都被遗忘了，只有趋向的终态是明确无误的。

跨越时代的杰作——玻耳兹曼方程

随着热力学第二定律的克劳修斯表述，热力学与动力学之间如何协调起来就变得非常迫切，亟待解决了。这是一个带有根本性的问题，虽然许多科学家对此进行过热烈的讨论，但问题依然存在，看法仍旧分歧。在熵的建设性作用已被理解，熵——第二定律在一定的场合下获得作为自然的时间之矢的重要意义正为人们知晓之际，不支持热力学显然是不智之举。然而，反过来亦很难以不可逆的名义来摒弃动力学。

图 5.3　玻耳兹曼（1844～1906）

玻耳兹曼是原子论和力学宇宙观的信奉者，他赞同赫兹（H.Hertz）的观点，认为：

一切物理学家都同意物理学的问题即在于将自然现象回溯到力学的简单定律。

玻耳兹曼的原始意图在于用分子运动和相互碰撞来阐述热力学第二定律。从 1866 年的第一篇论文开始就进行了这方面的研究，1872 年发表题为"再论气体分子的热平衡"的长篇重要论文，导出了有名的玻耳兹曼方程，这是他在分子动力论方面的登峰造极之作。

玻耳兹曼为进一步试图描述从非平衡态趋于平衡态的演变过

程，意图发现与熵的增大相对应的分子机制，即驱使系统从任意速度分布走向平衡态——麦克斯韦分布的机制。他敏锐地意识到追踪个别分子的运动轨道并不足以解决问题，而一定要考虑分子群体的演变过程。他似乎从他所崇拜的达尔文那里得到了启发：生物进化的规律——自然选择，只有对于许多品种的群体，而不是个体，才有意义。因此，提出的问题本身就蕴含了统计性。玻耳兹曼希望在物理学的领域中完成类似于达尔文的丰功伟绩。他所处理的是分子间只有近程相互作用的稀薄气体。

第三章已经讲过，在平衡态，气体分子的速度分布遵从麦克斯韦分布律。现在的问题是探讨从任意的分子速度分布的初始状态出发，如何朝向麦克斯韦分布过渡。换言之，从非平衡态趋近平衡态的演化过程。

考虑分子的分布函数，$f(\boldsymbol{r}, v, t)$ 是随时间变化的。一般说来，分子处在不断运动过程之中，而分子之间又产生碰撞。这两方面的影响可以区分开来处理，那么（$\partial f/\partial t$）就归因于两种影响（漂流与碰撞）的叠加

$$\frac{\partial f}{\partial t} = \left(\frac{\partial f}{\partial t}\right)_{流} + \left(\frac{\partial f}{\partial t}\right)_{碰}$$

我们先来看一些在两种碰撞之间，分子运动所引起的各种不均匀性的影响。一种是位置空间的不均匀性，例如温度梯度、密度梯度，可以引起相应的粒子漂移式的流动；另一种是外场的作用（外力为 $\boldsymbol{F}$）下，使粒子加速，产生速度空间分布的变化。设想一时间间隔 Δt，其量级要比分子碰撞持续时间大得多，但比分子在两次碰撞间的渡越时间又小得多。

当 $\boldsymbol{r} \rightarrow \boldsymbol{r} + v\Delta t, \ v \rightarrow v + \dfrac{\boldsymbol{F}}{m} \cdot \Delta t$

相应的

$$f(\boldsymbol{r}, v, t) \rightarrow f(\boldsymbol{r}, v, t) - \Delta t \left\{ v \cdot \frac{\delta f}{\delta \boldsymbol{r}} + \frac{\boldsymbol{F}}{m} \frac{\delta f}{\delta v} \right\}$$

这样，

$$\left(\frac{\partial f}{\partial t}\right)_{流} = -\left(v\frac{\partial f}{\partial r} + \frac{F}{m}\frac{\partial f}{\partial v}\right)$$

有关漂流项的处理纯粹是动力学的方法，不会引入不可逆的因素。因而关键的问题就在于分子碰撞项的处理。玻耳兹曼处理的是稀薄气体的情形，因而只考虑两个分子间的碰撞，而忽略了三个或更多分子间的复杂碰撞过程。分子碰撞也是一个动力学过程，而且只考虑弹性碰撞，这样的碰撞前后的速度都应满足动量守恒与能量守恒。玻耳兹曼考虑分子碰撞可能有两种情况，一是原来速度为 v 的分子，经碰撞后速度变为 v'，导致原来速度为 v 的分子数减少，起损耗作用；另外，也可能发生原先速度不为 v 的分子经过碰撞后变为 v，这样就增加了速度为 v 的分子数，起增益作用。这两种情况的速度变化分别为

$$v, v_1 \to v', v'_1 \quad 损耗,$$
$$v', v'_1 \to v, v_1 \quad 增益,$$

具体计算在 Δt 时间间隔中产生损耗或增益碰撞的分子数必须采用适当的简化假定。玻耳兹曼为此提出了有名的碰撞数假设。这一假设体现在下述的计算方法中。若分子以 v_1 的速度撞向速度为 v 的分子（作为散射体），那么在 Δt 时间内与散射体相撞的分子的必要条件，为该分子已经处在散射体附近的某一空间范围 ΔV 之内（参阅图 5.4）。

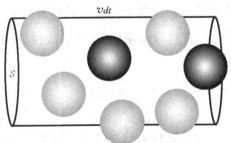

图 5.4　玻耳兹曼碰撞数的假设

$$\begin{pmatrix} \Delta t\text{时间内} \\ \text{的碰撞数} \end{pmatrix} = \Delta V \times \begin{pmatrix} \text{单体体积空间中找到速} \\ \text{度为}v_1\text{分子的几率} \end{pmatrix} \times \begin{pmatrix} \text{散射体} \\ \text{的数目} \end{pmatrix}$$

这里的 $\Delta V = \sigma|v_1 - v|\Delta t$，$\sigma$ 为碰撞的散射截面，$v_1 - v$ 为分子运动的相对速度。由于碰撞这一过程在微观上应具有可逆性，因而损耗与增益碰撞的截面值 σ 应相等。这样就可以通过具体计算得出

$$\left(\frac{\partial f}{\partial t} \right)_{流} = -\int (f_1 f - f'_1 f')\,\sigma \mathrm{d}\boldsymbol{u}_1 \mathrm{d}\omega$$

这里的

$$f = f(\boldsymbol{u})\ ,\quad f_1 = f(\boldsymbol{u}_1)\ ,\quad \mathrm{d}\omega\ \text{为立体角元}。$$

$$f' = f(\boldsymbol{u}'),\ f'_1 = f(\boldsymbol{u}'_1)$$

这样，我们求出玻耳兹曼方程（$\mathrm{d}\omega$ 为立体角元）

$$\frac{\partial f}{\partial t} = -\left(v\frac{\partial f}{\partial \boldsymbol{r}} + \frac{\boldsymbol{F}}{m}\frac{\partial f}{\partial v} \right) - \int (f_1 f - f'_1 f')\sigma \mathrm{d}\boldsymbol{u}_1 \mathrm{d}\omega$$

如果外场 $\boldsymbol{F} = 0$，f 与坐标无关，因而（$\partial f/\partial \boldsymbol{r}$）$=0$ 而且（$\partial f/\partial t$）$_{碰} = 0$ 就得出（$\partial f/\partial t$）$=0$，即玻耳兹曼方程的解要求 f 与时间无关，所对应的分布 f_e 就是麦克斯韦分布。这一结果说明不论初始状态如何不同，从非平衡态演变的结果最终趋于平衡态。玻耳兹曼方程也提供了计算气体输运系数，例如导热系数、黏滞系数等的微观理论方法。在 20 世纪初期，经查普曼（S.Chapman）与恩斯柯克（D.Enskog）发展成卓有成效的计算方法，取得了与实验相符的结果。

由于玻耳兹曼方程是复杂的非线性积分微分方程，求解十分困难。为方便起见，有时将碰撞项用一线性近似来简化

$$\left(\frac{\partial f}{\partial t} \right)_{流} = -\frac{f - f_e}{\tau}$$

其解为

$$f(t) - f_e = (f_0 - f_e)\exp\left(-\frac{t}{\tau} \right)$$

当 t 趋于无限大时，$f = f_e$，分布函数等于麦克斯韦分布。至于实际

上要等多少时间才能到达平衡呢？若以 $t=\tau$，代入，则有

$$f-f_e=\frac{(f_0-f_e)}{e}$$

即用 τ 就可以来约略估计趋近平衡所需的时间也就是弛豫时间。对于一个大气压下的理想气体，τ 的量级仅为 10^{-9} 秒，建立平衡可以说是瞬息之间的事。

玻耳兹曼方程把可逆过程与不可逆过程之间的基本区别，从热力学转移到动力学领域来了。漂流项对应于可逆过程，而碰撞项对应于不可逆过程。因而在热力学的描述与玻耳兹曼方程的描述之间是一一对应的。但是遗憾的是，这种对应关系并非由动力学推论出来的，而是由于蕴含的一种带统计性假设所引入的。上面推导碰撞项是基于玻耳兹曼的"碰撞数设定"而得出的，将两分子的碰撞几率正比于单分子分布函数的乘积。等于假设相互碰撞的分子运动是完全独立的，不存在任何相互关联。这意味着分子运动是完全无序的，明眼的人可以看出，$(\partial f/\partial t)_{碰}$ 的计算明确地提出了碰撞前与碰撞后的区分，实际上已经暗暗埋下了时间之矢。

玻耳兹曼方程不仅在历史上有其重要性，在现今仍不失其光辉。近年来，还有不少工作集中于研究其有效性、局限性及推广到高浓度；具有内部自由度的体系；相对论体系以及固体的量子输运性质等方面。而在非平衡态统计物理中，各方面应用的研究更是不计其数。而且根据它所推演出的输运理论，得到多方面实验结果的验证，成效十分显著。但有关它的理论依据的问题，一百多年来，不断有人在探讨和研究。这方面的相关问题，将在本书的第十章中予以介绍。

逆其意而道之——H 定理

由玻耳兹曼方程，可得一极重要的结论，即玻耳兹曼方程对时间的反演 $t\rightarrow -t$ 是不对称的。如果将

$$t\rightarrow t'=-t$$

$$v \rightarrow v' = -v$$

则

$$\frac{\partial f}{\partial t'} + v' \cdot \frac{\partial f}{\partial r} + \frac{F}{m} \frac{\partial f}{\partial v'} = -\left(\frac{\partial f}{\partial t'}\right)_{碰}$$

上式中碰撞项改变了符号。即如果 $f(r, v, t)$ 是原来玻耳兹曼方程的解，那么，$f(r, -v, -t)$ 就不是方程的解。

此特性与力学及电磁学的基本定律皆不同，换言之，玻耳兹曼方程本身包含了一时间之矢，其意义由下面要讲的 H 定理阐明。

我们知道，宏观系统的不可逆性表现两种效应，一是不可逆过程的能量损耗；二是在孤立系统中向平衡的趋近。为了说明趋近平衡态的问题，玻耳兹曼引入 H 函数，它是速度分布函数 f 的一个函数，定义为

$$H = \int f \log_e f \mathrm{d}v$$

据此，可推证出

$$\frac{\mathrm{d}H}{\mathrm{d}t} \leqslant 0$$

即，H 函数总是减小的，随时间作单调的下降，这就是 H 定理。此结果乃由玻耳兹曼方程而来，方程中蕴含的时间之矢更明显地表露于此式。

显而易见，平衡态的条件自然是 $(\partial f/\partial t) = 0$。由 $\mathrm{d}H/\mathrm{d}t \leqslant 0$，平衡态亦可定义为

$$\frac{\mathrm{d}H}{\mathrm{d}t} = 0$$

由此可见，平衡态之 H 值是为最低值，而此时的速度分布即为麦克斯韦分布。

$\mathrm{d}H/\mathrm{d}t \leqslant 0$ 之 H 定理，与热力学第二定律的熵形式，不仅极其相似，而且二者之间有着密切的联系。

为确定二者的关系，借助于玻耳兹曼分布及理想气体气态方程，可分别推出单位体积之 H_V 或 S_V：

$$H_V = n\left[-\log_e V + \frac{3}{2}\log_e \frac{1}{kT} + 常数 \right]$$

$$S_V = nk\left[\log_e V - \frac{3}{2}\log_e \frac{1}{kT} \right] + 常数$$

相比较，即得

$$S_V = -kH_V + 常数$$

或写成一般式

$$S = -Kh + 常数$$

上面之计算，虽系以理想气体为例而非一般性，但无疑的是，确实由气体运动论的观点，觅得了一个具有熵的性质之函数 H，两者之间只差一个乘数（$-k$）而已。于是，平衡态时，H 与 S 相对应（相差一乘数（$-k$）），而在非平衡态，在熵无法定义的情形下，可用以标志时间之矢（朝向 H 减小的方向），确实起了熵的作用。

"速度反演"——对 H 定理的诘难

按此，玻耳兹曼满以为热力学第二定律可由分子动力论获得。由于 H 定理的显然成功，更使玻耳兹曼以为，H 定理即相当于建立在动力论上的热力学第二定律。玻耳兹曼的工作是，企图从可逆的经典动力学理论，导出不可逆的热力学演变过程。无疑，他这方面的工作，取得了有益的成果，但亦受到不少非难。关键在于推导的前提是经典动力学方程，对于时间反演是对称的，而推导的结果是玻耳兹曼方程与 H 定理，则对于时间反演是不对称的。推导过程中出现了对称性的破缺，结果是否可靠，引起人们的疑虑。

下面讨论一下对 H 定理的两种诘难，有益于澄清问题。

先来看第一个诘难：速度反演。这是罗施密特（L.Loschmidt）于1876年所提出的。他认为既然动力学的轨道是完全可逆的。如 t_0 时 H 值对应于 H_0，经过分子的运动和碰撞过程，到 t 时将降为 H（按 H 定理，$H_0 > H$）。如果在 t 这一瞬间，将所有分子运动的速度反演

（$v \rightarrow -v$），由于分子运动轨道是完全可逆的，经过同样一段时间之后，H 值应依循来时途径上升到 H_0。这一结果显然和 H 定理相违背。应该说这一诘难还是挺有道理的，近年来一些计算机实验对这一问题提供了有价值的信息。图 5.5 显示了计算机对二维硬球系统作 H 的计算，图中空心圈表示 H 值随时间作单调下降以及少量的涨落；实心圈表示在 50 次或 100 次碰撞之后发生速度反演后的情形。图 5.5 中（a），（b），（c）分别表示速度反转时引入无规误差为 10^{-8}, 10^{-5}, 10^{-2} 的情形。可以明显看出随误差的增大，H 值的上升量在减小。可以看出，随着硬球数的增加，H 值更加接近于玻耳兹曼所预言的单调下降，当粒子数较小时看到了涨落所引起的偏离。图 5.5 显示了 50 次碰撞后及 100 次碰撞后，进行速度反演的结果。在速度反演后，明显看到 H 值的增大（和 H 定理相违背）向始态 H 值的逼近；但在恢复或接近恢复始态的 H 值以后，又重新出现玻耳兹曼所预言的单调下降。

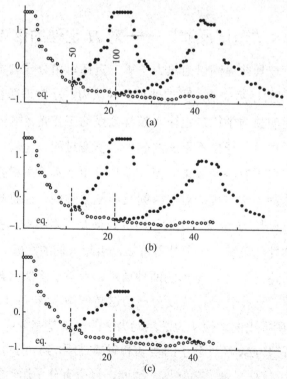

图 5.5 100 个硬球系统的 H 值的计算机模拟

这一结果表明，玻耳兹曼的描述，对于稀薄气体只是提供近似的动力学方程，而不是确切的运动方程。它还要求初始条件是完全无序的，并不具有相关性。的确，可能存在和它相背离的行为。通过对于诘难所提问题的考虑，玻耳兹曼本人观点也有所调整。他放弃了原先对于玻耳兹曼方程绝对化的论述，而更加强调其概率论的这一方面。用他自己的话来说：

> 单纯用运动方程无法证明函数 H 恒减，只有根据概率论可以导出，如果始态并非为某一目的而特意安排的，则 H 减少的几率始终比它增加要大……如果某一给定状态 H 值比 $H_{\min}$ 要大，虽然不能肯定但非常可能。H 将减少而最终将异常地接近（如果不是达到）$H_{\min}$，而所有随后的瞬间亦复如此。如果在某一中间状态，将所有速度反演，我们将获得例外的情况，即在一段时间内 H 增加，然后再减小。但这种特例的存在并不能推翻我们的定理。正好相反，概率论表明了这些特例的几率在数学上不为零，只是非常小而已。

H 定理适用的情况要求初值条件是完全无规的，而速度反演则意味着高度关联的初值条件，因而在一段时间之内获得 H 上升的例外结果也是不足为奇的。如果在计算机实验中对速度反演值人为地引入误差，将导致 H 值上升幅度减小，乃至于基本抹平（见图5.4）。这反映了初始条件的无规性对于 H 定理的成立非常重要。

"复现始态"——对 H 定理的另一诘难

对于 H 定理的另一诘难是策尔梅洛（E.Zermelo）于1896年所提出的。他引证了庞加莱（H.Poincare）于1892年证明的复现定理：

> 对于孤立的、有限的保守动力学系统在有限时间内，将回复到尽可能接近于原始组态。

这样，策尔梅洛认为 $H(t)$ 不可能单调下降，最后将使其斜率反转，于有限时间 τ_p，（庞加莱复现时间）内将无限地接近始态。庞加莱定理将排除动力学系统的不可逆性。策尔梅洛严峻的结论是：物理学将在热力学第二定律与自然的机械论的解释之间做出抉择。

当时，策尔梅洛是普朗克的助手。普朗克在 1897 年出版的《热力学专论》一书的序言中，认为对于分子动力论进一步的发展存在有目前还不可逾越的障碍，提到热力学的力学解释的主要困难。看来，他当时也支持策尔梅洛的观点。另外，庞加莱本人在他的《热力学讲义》中，也明确地表示了热力学与动力学不能兼容的意见，显然也站在策尔梅洛这一边。我们不妨撇开热力学与动力学能否兼容这一更深层次的问题，在承认庞加莱定理成立的前提之下，考虑复现时间 τ_p 长短这一实际问题。这亦正是玻耳兹曼在答复中所做的。

问题的关键在于 τ_p 的数值。对于 10 个粒子构成的线性链，τ_p 的估计值为 10^{10} 年，即已和宇宙年龄相当。而对于 N 个粒子的系统 $\tau_p \sim C^N$（$C > 1$），当 $N \to \infty$，$\tau_p \to \infty$ 这样，尽管庞加莱定理对于孤立的、有限的保守系统是正确的，但对于大量粒子构成的热力学体系，由于 τ_p，远远大于宇宙的年龄，复现就没有什么现实意义了。正如往常一样，玻耳兹曼提出形象鲜明的阐述，按照他的计算，具有 10^{18} 个粒子的气体，其 τ_p 值将用 10^{18} 位的数字表示。为了使人能够了解这一数字的无比庞大，他作了如下估计：设想最好的望远镜所能观察到的恒星，每一个都有像太阳一样数目的行星，每一行星上居住的人数，都和地球相等，每一个人能活 10^{18} 年，这些人寿命的总和用秒来表示，只不过需要 50 位的数字。

玻耳兹曼认为庞加莱定理并不与分子动力论有矛盾，而是将其作用加以澄清，必须分别考虑两种情况：一是一个孤立的有限保守系统。例如，气体在被孤立长时间之后，宏观测量表明业已达到平衡状态，即熵为极大值的状态，气体分子速度为麦克斯韦分布。但可以发现和这种分布偏离的小涨落（其量级约为 $1/\sqrt{N}$），这也表现为 H 值并不为（$-S_{\max}/kT$）的常数，而是如图 5.6（引自玻耳兹曼 1897 年的论文）显示的那样存在涨落。另一方面，从初始的非平衡态朝向平衡态的过渡，我们感兴趣的是 H 值大幅度（比平衡态涨落大得多）的变化。如果令粒子数 N 及体积 V 均趋于无限大，而（N/V）为一常数，这就是取热力学极限，可将涨落全部消掉。由于系统不再是有限的，庞加莱定理不再适用，策尔梅洛的诘难也就失去了意义。

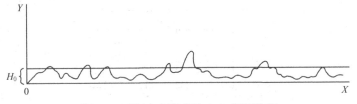

图 5.6　平衡态有限系统中 H 值的涨落

分析与澄清——罐子游戏

通过对于这些诘难的辩解可以看出玻耳兹曼的观点也有了变化。他已意识到，不可能单纯用动力学理论来导出不可逆的结果。在推导之中，实际上已经蕴含了一些带有统计性的假设，因而在后期，更加强调统计方面的问题。玻耳兹曼的绝笔是为《数理科学百科全书》所写的题为"物质的动力学性质"的专论，其中只简略提及统计理论的问题。他原已答应了该书主编克莱因（F.Klein）另写一篇关于统计力学基础的专论，但由于他的去世而未能实现。后来，由他的学生埃伦费斯特夫妇（P.and T.Ehrenfest）撰写出来了。这一专论对于统计物理的一些基本概念进行了精辟的分析和澄清。文中，他们提出了一个"罐子游戏"：假定 N 个球分布在 a,b 两个罐子里，见图 5.7。设想每隔一段时间 τ 任选一个球，并将它从一个罐子转移到另一个罐子。设在 n_τ 时，a 中有 k 个球，b 中有 $N-k$ 个球。假设罐中球的转移几率与罐中的球数成正比，那样，将一个球从 $a \to b$ 的跃迁几率是 k/N，而从 $b \to a$ 的跃迁几率为 $1-k/N$。如果这一实验持续地进行下去，最终将得到球的最可几分布，见图 5.8。当球数 N 很大时，结果当为 a, b 两罐中各有 $N/2$ 个球，这不难通过具体计算或实验予以验证。

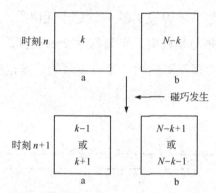

图 5.7　埃伦费斯特的罐子模型

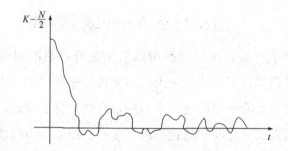

图 5.8　埃伦费斯特罐子模型中向平衡态（$k=N/2$）的趋近

这样，埃伦费斯特摈弃了玻耳兹曼理论中的动力学部分，而将蕴含在"碰撞数假定"中的统计假设鲜明地表达出来。跃迁几率被认为和系统原先的历史无关。令在罐中找到 k 的球的几率为 $P(k)$，可以定义 H 为

$$H=\sum_k P(k,\ t)\log_e \frac{P(k,\ t)}{P}$$

这里，P 为平衡态罐中球体的几率。将展示出和 H 定理相似的行为，H 值在平衡态趋于极小值（零），当然存在有涨落。罐子游戏将 H 定理的统计特征揭示得更加清楚。我们也可应用这一游戏来阐明化学反应中趋近平衡的过程。考虑化学反应

$$A + X \rightleftarrows B + Y$$

设想将 N_A 个 A 分子和 N_X 个 X 分子装在 a 罐内，N_B 个 B 分子和 N_Y 个 Y 分子装在 b 罐内，化学反应结果造成两罐内分子数的消长。正向反应的速率和 N_A 与 N_X 的乘积成正比，表示为 $-CN_AN_X$，而反向反应的速率也可以得到类似表达式 $C'N_BN_Y$，这样

$$\frac{dN_A}{dt} = \frac{dN_X}{dt} = -CN_AN_X + C'N_BN_Y$$

$$= -\frac{dN_B}{dt} = -\frac{dN_Y}{dt}$$

如果让它持续进行下去，将趋于化学平衡态，分子数不再改变了，可由 $dN_A/dt = 0$ 求得平衡态的分子数的比例为

$$\frac{N_AN_X}{N_BN_Y} = \frac{C'}{C} = K$$

这就是化学平衡的质量作用定律，K 为平衡常数。

　　埃伦费斯特继承了玻耳兹曼的衣钵，为统计物理的发展做出了重要的贡献；令人遗憾的是，虽则他具有敏锐的批判头脑，但对自己的工作成果也同样地缺乏自信心，结果竟步了老师的后尘，于 1933 年自杀身亡。

第六章
再谈时间之矢——远离平衡

玻耳兹曼是达尔文的同代人,虽然较为年轻。他对于达尔文推崇备至,甚至于认为19世纪应该称为达尔文的世纪。如上章所述,玻耳兹曼的一项重大贡献在于利用分子动力论的方法来论证向平衡态的演化,首次在物理学中引入了演化的概念。在这一章中,我们将扩大视野,将生物学、天文学中的演化问题,一并来考虑,探讨不同自然科学中"时间之矢"的异同问题。

视野扩展——表观上的差异

基于熵,物理学中出现的时间之矢,是由热力学第二定律所规定的。除此之外,在自然界还存在着其他的时间之矢,如生物学中的生物进化本身也确定了一个时间之矢;天体演化也带来它自己的时间之矢,等等。

从表观上看,生物进化或天体演化,这二者的时间之矢与我们物理学中熵增加趋于平衡的时间之矢似乎有很大矛盾。在物理学中,依循热力学第二定律,能量无时不在贬值。正因为此,从有组织的宏观动能转化为无规的热能,其支持有组织的结构的能力,自然就要减弱。也就是说,这些结构将变得缺少组织性,因此具有更多的随机因素。请注意,正是组织性才使得系统具有内部多样性,随着系统能量不断贬值,系统间的差异也就减少,故第二定律指向一个逐渐均匀的未来，这是一种从有序到无序的演变。而就生物进化而言，其图像却截然不同，指向了相反的方向。即，从简单到复杂，从生命的"低级"形式到生命的"高级"形式，从无区别的结构到层次众多、复杂无比的结构，意味着从无序到有序的演变。而且这里生物学的有序性亦独树一帜，既是结构上的，也是功能上的。且在细胞的或超细胞的水平上，通过一系列不断增长复杂性和层次特点的结构和耦合功能表现出来，这和孤立系统所描述的演化概念正好相反。天体演化也有类似情况，从原始火球到星团、星系的形成所显示的图像，也和朝向平衡态过渡迥异。

这些表观上的差异、矛盾，使人困惑、茫然。如果认为生物学的现象不能用物理学的规律来理解，二者之间存在一条不可逾越的鸿沟，那么存在差异是很自然的事，生物进化的现象与物理学中的热力学规律有矛盾亦是理所当然的，不妨泰然处之。但是，现代科学的发展表明，生物学虽然有它自己的规律，而它的热现象仍属于物理学范畴，还是应该服从普遍的物理学规律。因而，牵涉到生物的热力学不可能另有一套规律，也就是说，熵原理在生物中亦应有所体现。

一方面，热力学第二定律所规定的时间之矢与我们的日常生活中观测到的现象完全符合；但另一方面又有许多现象说不清楚，甚至突出地显示出不少矛盾之处。要解决这个问题，似乎牵涉到存在有根本差异的两种系统的区别：孤立系统与开放系统。有必要对之作进一步的探讨。

海阔天空——开放的世界

在 19 世纪，热力学研究的重点是可逆变化过程，这基本上是平衡态热力学。它为大量的物理、化学现象提供了一个令人满意的解释。然而，平衡态的概念又是否够全面到足以包打天下呢？是否包揽了自然界中所有不同类型的结构呢？答案显然是否定的。

平衡态反映了大量微观粒子活动的统计规律性。按定义，它们在整体水平上是稳定的，因而它们也是"永存"的。一旦形成，就会被孤立起来并无限地保持下去，而不会与环境进一步发生相互作用。

但是，当研究一个生物细胞或一个城市时，情况就十分不同了：这些系统不仅是开放的，而且它们的存在是靠着从外界交往的物质和能量的流来维持的，如果切断了它与外界联系的纽带，则无异于切断了它们的生命线。所谓的开放系统，乃是与外界环境有相互作用，有物质和能量交换的系统。这样一个开放的世界，对物理学来说，是一个挑战：放眼看去，看到的是一个充满多样性和发明创造的自然界。不仅生命世界与热力学平衡的模型有着深刻的差别，就是流体力学和化学反应也充满了新奇的现象，这种似乎均超越了传统热力学的范畴。

依据热力学加以区分我们所遇到的几类系统，我们知道：与外界环境无任何联系的孤立系统，熵增加趋于极大值；与外界在给定温度下有热量交换的封闭系统，自由能减小，趋于极小值；而这里的与外界既有能量交换也有物质交换的开放系统，其性质又如何呢？

当然，开放系统之性质必然牵涉到距离平衡态远近的问题。上一章中，我们曾讨论过近平衡态的开放系统，假如外界约束条件不允许系统达到平衡态的话，系统将朝向熵产生为极小值的定态演化，即尚有规可循。至于远离平衡的开放系统，情况则显得十分复杂。格兰斯道夫（P.Glansdorf）与普里戈金曾经企图引入"演化的普遍判据"来取代接近平衡区的熵产生极小原理，将远离平衡区域包进来，但并未得到成功。

业已证明，远离平衡区域中，系统的演化并不遵循某种变分原理，因而不可能像平衡态或接近平衡区那样，用某种势函数来确定变化趋向的终态。

在平衡态附近，抑或近平衡区的定态附近，系统对于微小涨落是稳定的，热力学势的存在显然是一种保证，使得微小涨落不致破坏稳定性。然而系统一旦进入远离平衡区，少量的热涨落就足以使它进入完全不同的新状态。即，引起系统的突变，从而导致按照熵产生极小原理所确定的热力学关系变得不稳定，表现出复杂的时空行为，引起宏观结构的形成和宏观有序的增加。正是远离平衡态的研究，给热力学第二定律以新的解释和重要补充，物理学、化学中各种有序现象之起因在这里得到解释，甚至于像生命的起源、生物的进化以至宇宙发展等等复杂问题也在这儿初步得到一点线索。

在远离平衡区，我们如果希望能够追踪系统的演化过程，显然不能依靠纯粹的热力学方法来确定，而需要仔细分析描述系统行为的动力学方程。换言之，普适性的热力学就不得不让位于对具体问题作具体分析的动力学。当然，这里遇到的运动方程是非线性的，而且必然存在耗散，因而反映了不可逆的行为。值得注意，当偏离平衡参量增大，非线性方程的解一再出现分岔（bifurcation），见图 6.1，最终导致混沌（chaos），即决定论方程管辖下出现的随机性。换言之，系统的行为对于初始条件的微量变化极其敏感。由于在这里我们可以将动力学系统分为两类：一类是对于初始条件不敏感的：即系统的初始条件的微量变化只会导致相应轨道的微量变化，而不改变其主要特征。大家熟悉的谐振子运动或行星绕太阳的运动（不考虑其他行星的影响或将其他行星的影响视为微弱的干扰）均属这一类。另一类是对初始条件极其敏感的：只要系统的初始条件有微量的变化，将导致相应的轨道面貌截然不同。

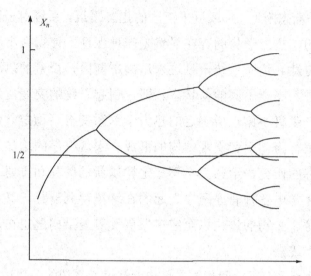

图 6.1　非线性方程的解出现分岔

　　我们知道，有关日月食的时辰和行星运动的轨道，可以依赖经典力学。历史上可回溯千年而丝毫不爽；展望万代，轨道犹历历在目。19 世纪中叶，天文学观测表明天王星的轨道的观测结果和理论有偏差，两位天体力学家，英国的阿当斯（J.C.Adams）与法国的莱弗里耶（J.J.Leverrier）几乎不约而同地进行理论探讨，归因为轨道外围有一颗未知行星的微扰所导致的。还进而根据实测的轨道来倒推该行星的可能位置，1846 年莱弗里耶还促使柏林天文台的望远镜对该区域进行搜索，当夜就发现了海王星，与理论预测位仅差约一度。到 20 世纪，人造卫星与宇宙飞船的发射，也都依赖于理论对其轨道的计算，精确而成功地指导了航天实践。这也是经典力学以其精密的确定性和可预测性给人们极其深刻的印象。

　　在这些科学成功业绩后面，也掩盖了动力学理论的另一面：即，虽则动力学基本规律被证明确切无误，但在某些情况下，要做出精确的预测几乎是不可能的。这可以天体力学中著名的三体问题为证。所谓三体问题，就是比通常的两体问题再增加一个存在引力相互作用的天体。看上去只稍微复杂了一点，但实质上就大不相同了，成

为著名的科学难题。当时的挪威国王奥斯加曾悬以重赏，给解此难
题的能人。在发现海王星 30 年后，美国数学家希耳（G.W.Hill）将
三体问题大为简化：考虑两个相互作用的恒星，各绕其共同质心作
圆周运动，而另一个小行星，质量甚小，对恒星的作用可忽略不计。
他就仔细研究这一简化的三体问题，却找不到通解。只有对不同初
始条件下，用数值方法来计算其轨道，当时计算条件简陋，因而十
分费时耗功。在图 6.2 上两个固体的黑点代表两个恒星，左侧的质量
比右侧大 4 倍，图上显示了两条初始条件（位置与速度）十分相近
的两股行星轨道，这是花了两年工夫计算出来的，首先行星轨道绕
右侧恒星转了几圈，轨道保持近似。然后轨道转而绕左侧恒星旋转，
两股轨道就岔开了，经一段时间后，分别到达箭号所示的位置，就
已方向相反各奔东西了。这确切地表明了行星轨道是对初始条件极
其敏感的。希耳的工作激发了法国大数学家庞加莱丰富的创造力。
他证明了希耳的简化方程是无法求出其通解的；进而再考虑更加一

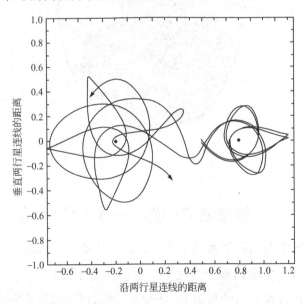

图 6.2　希耳方程的轨道。显示了轨道对初始条件的敏感性

（事实上轨道平面在绕两恒星联线作旋转）

般的三体问题，断定三体问题为不可积的问题（求不出解析解），摘取了奥斯卡奖的桂冠。转而致力于方程组的定性研究，从而建立了动力系统理论，开创拓扑学这一新的数学分支。庞加莱通过定性的数学推理，开现代混沌理论的先河。所谓"混沌"无非是在决定论物理规律下出现的随机行为。由于我们系统的初始条件无法精确地规定，少量偏差将产生难以预测的后果。察视图6.2，我们可以深切地体会到中国的古话"差之毫厘，谬以千里"这一论断，反映了混沌现象的根源。

图 6.3　庞加莱（1854～1912）

被忽略的问题——奇妙的对流

早在中学的物理学教科书中，我们就知道热的传输有三种方式，即：传导（不牵涉物质的流动）；对流（对于流体来说，有可能用对流的方式来作为热的传输）与辐射（辐射可以通过真空来传热）。

热传导在物理学中起相当重要的作用。在 19 世纪，导致了傅里叶发展出一套数学物理方程来描述热传导的规律，而这些方法现已广泛用于理论物理学之中，偏微分方程已经成为描述自然现象普遍采用的方法。当然，热传导的物理实质问题，在气体分子动力论中，讨论了气体热传导的物理基础。在固体物理中，也适当讨论了固体热传导的机制，其中之一是晶格振动的机制，另一种是自由电子的机制。

至于说到辐射，更是不同凡响。我们说近代物理中最重要的篇章就是由有关辐射问题所谱写的：普朗克引入量子理论，是为了解决黑体辐射问题；玻尔第一次提出原子结构的量子理论也是关于氢原子光辐射的谱线问题。可以说辐射问题始终是处于物理学注意力的焦点，备受青睐。

只有对流问题，似乎为人们所忽略，在大学物理中几乎没有地位，这并不公平，因为就原则而言，对流问题还是有其重要性的。

"对流"由静到动，在浑然一体之中涌现了规整的图案，现象上引人注目，内含了深刻的道理。为理解热对流的本质，我们不妨来分析一下产生对流的一个最简单系统：一层液体，上冷下热，$T_2 > T_1$，见图 6.4。当上下温差不大时，传热纯属热传导方式；将温度差值逐渐拉开，当温差超过一定限度时，就发生对流现象。20 世纪初叶，贝纳尔（H.Benard）对它进行了实验观测；瑞利（Lord Rayleigh）则对它进行了初步的理论分析。

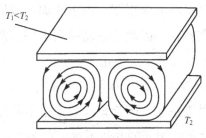

图 6.4　对流系统

由实验所表现的对流现象，显示的是一种突变，而不是渐变。给出的结果是加热导致有序，与通常加热导致无序迥异。可以理解，对流的出现与否决定于不同因素的相互抗衡。靠近下方的一层液体被加热了，由于热胀冷缩，其密度就下降了，所以这一层热的液体受到一向上的浮力，见图6.5。但是它在运动过程中，又受到流体的黏滞力阻碍它向上运动。即，取决于浮力与黏滞力的平衡，浮力显然与温度差 $\Delta T = T_2 - T_1$ 有关，且与二极间的距离 d 有关，同时顾及热膨胀系数与热扩散系数的影响，具体可求得一个无量纲的瑞利数（见图6.5）

$$R = \frac{g\alpha\,\Delta T \mathrm{d}^3}{vD_\mathrm{T}}$$

式中，g 为重力加速度，α 为热膨胀系数，v 为运动学黏滞系数，D_T 为热扩散系数。

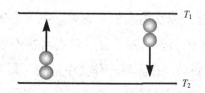

图6.5　热的液滴上浮，冷的液滴下沉

这实际上是一个头重脚轻的液体系统，隐含了不稳定因素，当温度差逐渐拉开，导致瑞利数超过某一临界值 R_c（约1700），即 $R > R_c$，流体就失去其稳定性，翻动起来，出现对流现象。对流现象刚出现时，非常规则，就像面包卷那样，其花样如图6.4。无可否认，这里的不稳定性具有简单的力学根源，由下面加热液层，液体的较低部分密度减小，头重脚轻，因此，在超越某个临界阈值后，系统由于失去了稳定而发生对流就不足为奇了。

回到瑞利-贝纳尔系。这一体系由于温度梯度，热量从高到低流出去，一定的热量流进来。因为系统热量在不断地流进流出，所以这一系统是与孤立系统迥异的开放系统，它与外界有热交换。并且，由瑞利数的表示式可知，对流应发生于远离平衡区域，因为 ΔT 越大，瑞利数越大，促进了不稳定的因素，为对流的形成创造有利条件，随着热量的流进流出，熵也在变化，流进的熵与流出的熵不等：流

入的熵 dQ/T_2；流出的熵 dQ/T_1；由于 $T_1 < T_2$，所以流出的熵大，流入的熵小，如果流走的熵量超过了系统内部熵的产生，可以导致系统内熵的减少。而对于熵减少的系统就会出现一些很有意义的现象。我们看到最初液体是一个基本均匀的液体，即从宏观上来看，它是一个均匀的液体，然而当我们从单纯热传导的状态转到热对流与热传导同时出现的状态，即一个均匀的无结构的系统出现了一个动态结构；从流体运动的轨迹来看，其轨迹非常规则，就像面包卷一样，做实验可以很清楚地显示对流轨迹。在自由液面上则可以观察到反映了表面张力梯度效应的非常规则的六角形对流胞，见图6.6。

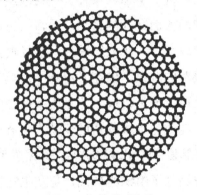

图 6.6 六角形对流胞

这一现象在日常生活中也经常可以看到。诸如，沸腾的汤锅，烟囱口的"热风"；天空中，有时会出现许多一块一块很规则的云，这实际上就是对流胞的出现；甚至于现代地球科学的重要支柱——大陆板块的运动也归因于地幔中缓慢的对流胞。

当然，以上的讨论只是说明了会出现不稳定性，但为什么形成规则的对流图案呢？有一点很明确，相对于原先没有花纹图案的均匀液体，这是一种对称破缺。流体力学的非线性方程中包含着产生对称破缺的可能性，各种可能的花纹图案还有稳定性的竞争。在瑞利-贝纳尔体系中，若瑞利数的数值继续增大，将会出现花纹图案的更替和周期运动，最终导致湍流的出现。

对流要求相干性，要求大量分子的合作。由对流现象说开去，不难看出，对流实际上来自系统复杂的空间组织，数以亿万计的分子协调一致地运动，形成了具有某些特征尺寸的六角形对流胞。从结构角度，显然是从一个没有结构的一层液体，突然出现一个规则的动态结构——对流胞的结构，表明了非平衡突变的突出特征。普里戈金于1969年概括这类非平衡突变中出现的自组织的有序结构为"耗散结构"，因为这一定是出现在能量耗散的系统，与平衡结构相对比，这些物理结构或化学结构要求有更多的能量来维持它们。很明显，耗散结构需要远离平衡的条件。"耗散结构"的概念强调了初看上去是悖理的两方面之间的密切联系，一方面是结构和有序，另一方面则是耗散或浪费。我们已看到，在经典热力学中，热的传输被认为是一个浪费的源泉，但在对流胞中，热的传输变成了一个有序的源泉。由此可以想见，嵌入非平衡条件之中的系统与外部世界的相互作用，可能成为形成物质的新动力学态——耗散结构的起点。耗散结构对应于某种时空有序状态，破坏了系统原来的对称性，实际上相当于一种超分子组织的形式，是产生它们的那个全局性非平衡状况的一种反映。但是也应该指出，耗散结构显然缺乏平衡态有序结构（如晶体结构）的稳定性。容器的形状、边界条件及干扰波矢，都会对它产生重要的影响，而且随着瑞利数（或偏离平衡度）的增大，又会导致新的失稳，终于向具有高度无规性的混沌和湍流（相当于有组织的无序态）过渡。

"蝴蝶效应"？——气象的可预测性

所谓"蝴蝶效应"是美国气象学家洛仑茨（E.N.Lorenz）所提出的问题：一只在巴西的蝴蝶拍打翅膀是否能够在美国得克萨斯州产生一场龙卷风？这涉及了气象的可预测性这一关键问题。洛仑茨之所以会提出这一有些耸人听闻的古怪问题，是由于他在1963年所进行的

图 6.7　蝴蝶效应

一项重要研究工作。他将描述流体对流的偏微分方程简化为一组 x, y, z 三个变量所满足的一组一阶联立常微分方程（即洛仑茨方程）：

$$\dot{x} = -\sigma(x - y)$$
$$\dot{y} = rx - y - xz$$
$$\dot{z} = -bz + xy$$

其中 3 个参数都是有物理意义的：$\sigma = v/k$ 为黏滞系数与导热系数之比；$r = R/R_c$，这里 R 为瑞利数，R_c 为临界瑞利数；$b = 4/(1 + a^2)$

称为形状参数。具体计算时采用了 $\sigma = 10$，$a^2 = 1/2$，唯一可调参数为 r。在 $r < 1$，瑞利数小于临界值，系统只有一个平衡点，即原点，对应没有对流的情形。在 $r > 1$，系统有 3 个平衡点，原点是不稳定的平衡点（鞍点），稳定的一对平衡点（用 C^+ 与 C^- 表示）对称地分处在 z 轴的两侧。这对新的平衡点代表了一对稳定的而流向相反的对流胞。他利用电子计算机对这组联立方程进行了数值计算，结果表明随了 r 值的进一步增大，对流胞又变得不稳定了，出现了螺旋形轨迹的沿 C^- 绕几圈之后又转过去绕 C^+ 几圈（参看图 6.8）。继续升高 r 值，行为愈来愈不规矩，一直到 $r > r_c = 24.7368\cdots\cdots$，就进入了由于对初始条件极端敏感性，发展为完全忘却初始条件的完全无规运动态，进入混沌的领域，一直到湍流为止。至于湍流的具体特征，看了图 6.9 所复制的文艺复兴大师、艺术家兼科学家达·芬奇的一幅画——"洪水"也就一目了然了。虽则这里画的是水的湍流，但与大气湍流当无二致。这样，随着雷诺数 R 的增大，产生了一系列的状态变化，从静态（热导态）出发，进入对流态，再趋于混沌态，最终成为湍流态。这一过程和熵增加所引起混乱度增大，颇有相似之处，因而也引起科学家在动力学问题中引进熵的想法。有关动力学熵的问题，将在本书第十章中加以讨论。

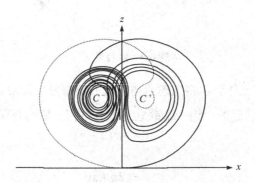

图 6.8 螺旋形轨迹的交叉运动

图 6.9 达·芬奇的画——"洪水"

　　洛仑茨作这项工作的目的，在于探讨气象的长期可预测性。他选择这一系统中变量 x 随时间变化序列，作图后，即出现了非周期性高低不等的起伏，如图 6.10 所示（这一序列延伸到 50 个时间单位，在图上分成两段）。因而，他论文的题目就定为"确定性的非周期流"。由于气象的物理基础是大气的流动，可以用存在温度梯度的流体力学方程来描述。这些方程是完全决定论式的。但是由于我们人类无法精确控制初始条件，只要初始条件的微小变化，就可以产生难以估计的影响。所以就提出了上述的"蝴蝶效应"，无非是用夸张的词句来陈述这一科学结果：大气的行为对于小振幅的扰动是不稳定的。但是一经夸张之后，又多出一些疑问和异议：其一是单个蝴蝶的影响不仅力量微弱，而且还是局限于一个小的范围之内。能够很好地检查误差增大的数值方法不一定保证将其结果从有限区域扩大传播到无限区域之中仍然有效；其二是巴西与得克萨斯州位于不同半球上，热带和温带在大气动力学特征上明显有差异，即便小的误差可以沿温带传播千里，但很难穿越赤道。这些疑问和异议也各有道理，但也确实很难回答。

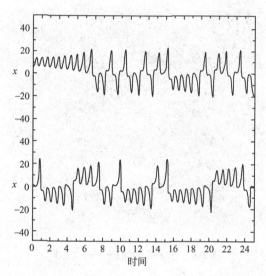

图 6.10　洛仑茨方程解中 x 对时间变化的序列

　　虽则"蝴蝶效应"说法存在一些问题，但强调的一点却是正确无误的：即天气除了可预测性之外，还有不可预测性的一面。正如我们对每天广播的天气预报，大体上是可信赖的，但也不排除若干测不准的事例。这也许不能怪气象学家，而是"蝴蝶效应"在作怪吧！所以洛仑茨抛开浮夸的辞藻所得出的结论是：全球大气研究的最终目的并不在于致力于完全正确的预报，而是在大气容许下让我们做出最好的预报。应该说，绝对正确的预报是无从达到的，而且时间跨度愈长，预报的正确性就愈差。但正确概率甚高的短期预报通过科学家的努力和计算条件的改进，还是可以实现的。插一句题外话：这事例说明了科学非常重要，但绝不是万能的，自然的条件和人的条件都会给它许多限制和约束，能认识到这一点，也许是智慧的开始吧！

振荡之玄机——有趣的"化学钟"

　　一旦进入远离平衡区，开放的化学体系也出现了一些十分特殊的行为。颇为壮观的"化学钟"的出现，使以往的化学反应相形见绌。所谓"化学钟"就是在一些化学反应之中，失去了稳定性，以连贯有节奏的方式进行，呈现出周期性振荡，相应地可以从直观上看到循环出现的空时花样。前苏联科学家发现的 B.Z（Belousov-Zhabotinsky 的缩写）反应就是一个实例：将 $Ce_3(SO_4)_3$，$KBrO_3$，$CH_3(COOH)_2$，H_2SO_4 及几滴试亚铁灵试剂（Ferroin）混合起来，再加以搅拌，则溶液的颜色会在红色与蓝色之间振荡。颜色的变化对应于离子浓度的变化。图 6.11 中画出了这一反应中离子浓度 $[Br^-]$，$[Ce^{3+}]/[Ce^{4+}]$ 的振荡曲线。

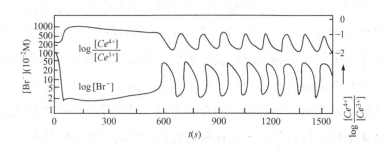

图 6.11　B.Z 反应中的离子浓度振荡曲线

一般地，化学反应速率不仅受参加反应的分子浓度、温度和压力的影响，还可能受到系统中其他物质的影响。可以影响反应速率，但本身不产生变化的物质被称为"催化剂"。有一类自催化反应很重要（特别是在生物学中），就是为了产生分子 X，我们必须从已经含有 X 的系统开始，X 构成了合成自身的催化剂。例如，设想如下的反应：在两个分子 X 存在时，使一个 Y 分子转变成一个 X 分子，这是三个分子参与的反应。

$$Y + 2X \rightarrow 3X$$

按照图 6.12 所示反应环的模式，所对应的三个分子反应动力学方程式就是非线性的

$$\frac{\mathrm{d}x}{\mathrm{d}t} = Kyx^2$$

这里 x，y 分别表示 X，Y 分子的浓度，K 为一比例常数。这一非线性方程式对变量具有立方幂次，这是能产生浓度振荡的起码要求。

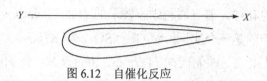

图 6.12　自催化反应

　　早在 1952 年，对于电子计算机发展有重要贡献的英国数学家图林（A.Turing）发表了题为"形态产生的化学理论"这一开创性的论文。他提出了一个和直觉相违背的观点，即扩散在一定条件下，可以导致化学反应的空间均匀性被破坏。假如有一些反应物的扩散速率高于其他的反应物，而且快扩散的品种会对于反应起遏止作用，但是慢扩散的品种却是自催化的，这样，就有可能从均匀相中自发产生空间的形态。图林提出的理论方案，奠定了形态产生的化学反应理论基础。但长期以来没有和现实的化学反应建立起关系。

　　1968 年，比利时自由布鲁塞尔大学的普里戈金等提出相当复杂的布鲁塞尔模型（Brusellator），缩短了这一差距，A，X，Y，B，D，E 等分子参与以下的四种反应

$$A \rightarrow X$$

$$B + X \rightarrow Y + D$$

$$2X + Y \rightarrow 3X$$

$$X \rightarrow E$$

其中包含了自催化反应 $2X + Y \rightarrow 3X$ 及交叉催化反应 $B + X \rightarrow Y + D$。这种反应可以用图 6.13 所示的环来表示。

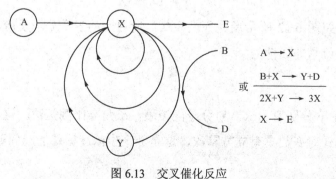

图 6.13　交叉催化反应

　　在这一方案中，A，B，D，E 的浓度是给定的参量，用来控制化学反应。当 A 值保持不变，同时增加 B 值时，我们来探讨系统中 X，Y 的浓度是如何变化的。该系统可能达到定态，即

$$\frac{\mathrm{d}x}{\mathrm{d}t} = \frac{\mathrm{d}y}{\mathrm{d}t} = 0$$

的态，相应于浓度 $x_0 = A$，$y_0 = B/A$。一旦 B 的浓度超过某一阈值（所有其他值都保持不变），该定态就丧失了稳定性，该定态变为一个不稳定的"焦点"，系统离开此焦点而达到一个"极限环"，从而出现 X，Y 浓度的振荡的化学钟，图 6.14 表示了对反应方程进行数值积分的结果，明确显示了从不同的初始条件出发，会产生振荡，振荡一旦产生，就完全忘却了初始条件，图 6.15 为化学反应的空间螺旋图像。在一定条件下，化学振荡也可以停滞为静态的图案，这正是图林开创性工作所设想的。

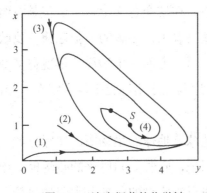

图 6.14　浓度振荡的化学钟　　图 6.15　化学反应出现的空间螺旋图像

（1）$x_0 = y_0 = 0$　　（2）$x_0 = y_0 = 1$

（3）$x_0 = 10$，$y_0 = 0$　　（4）$x_0 = 1$，$y_0 = 3$

　　在生物学中也常常出现这种化学反应的自组织现象，例如新陈代谢中的糖酵解反应就出现振荡现象。自催化（X 的存在加速其自身的合成）、自阻化（X 的存在阻滞了自身的合成）及交叉催化（属于两种不同反应链的两种产物各自促进对方的合成）提供了经典的调节机制，以保证生物体中新陈代谢机能得以连贯地进行。埃根

（M.Eigen）则据此提出解释生命起源的理论方案，即认为在生命出现之前的原汤之中，通过一系列自催化不稳定性来产生具有生命特征的原始生物。当然这一方案只是阐明生命起源之谜的一种带探索性的初步尝试，不能奢望它一下子就能取得成功。

生命是什么？——值得深思的问题

不可逆性在生命过程中具有重要的意义，甚至可以这样说，没有不可逆过程就不可能有生命。从某种意义上说，生命系统就像是一个组织精良、分工微妙的工厂：一方面，它们是各式各样的物理现象、化学反应与生物过程出现的场所；另一方面，它们又提供了一个极不寻常的"空-时"组织，其生物化学物质的分布乃是极其不均匀的。今天我们知道，无论是整个生物圈，还是它的组成部分（活的或死的），都存在于远离平衡态。在这个意义上，生命正是自组织过程的最高表现。既有候鸟的秋去春来，心脏的节拍起搏，反映生物世界有节奏、有规律的行为；另一方面，生物现象呈现许多令人惊讶的不可预测性与随机性。有序与无序错综复杂地交织在一起，构成了一环套一环的生命网。

首先来看我们生长与栖身的地球。地球的生物圈，实际上就是一个和对流系统十分相似的开放系统，吸收太阳照来的热辐射，由太阳获得熵；然后，地球又辐射出所吸收到的一部分太阳的热量，将其散发到太空中去。对于地球而言，这无异构成了一个减熵的环境，而这一环境显然有利于地球上生物的进化。很明显，生命正是用这么一种奇特的方式隐喻着我们地球生物圈得以寄身的某些条件，这其中当然包括非线性及开放的远离平衡等条件。

再从整个生物圈缩小到单个的生物，例如人体，情况亦颇相似。它同样是一个开放体系。人体基本上是摄入食物，汲取热量、消化，然后再排泄出去。即，不仅与环境有能交换，物质上也有交换（吸进、再排除）。但这基本上是一个相对稳定的体系，所接受的与所输出的，接近于相等。因此，人体可保持一定的温度，与外界有一温度差，造成熵减小的体系，构成人类工作、发展的基本条件。

事实上，一个使熵减少的体系，对于生物进化是至关重要的，现代文明实际上就是千方百计想出各种方法，在不违背自然规律的情况下，减少系统的熵，而不是使熵增加。在我们所考虑的这样的局部区域内，热力学容许体现有序度随时间增加的生物进化过程。这样，进化论引入的时间之矢，与热力学的时间之矢并不矛盾。达尔文与克劳修斯可以握手言和。

不言而喻，远离平衡的开放系统的研究给我们开创了一个新天地，使现代文明离开了普适和重复，义无反顾地走向特殊和唯一。生命过程只能在非平衡态中存在，"只要活着，就维持着非平衡态。"而在也只能在远离平衡态，系统才可能建立一种定态，即远离平衡的生命体系，恒处于某种定态，且不断地由一个定态，经历若干亚稳态，跃迁为另一新的定态。生物体系的空间有序性（组织结构的有序性）和时间有序性（生命节奏）皆渊源于此过程。当然，需要强调的是，这种远离平衡的定态是由开放系统所维系的。

从热力学角度来看，生命系统十分复杂。穿过生命系统的能流蜿蜒曲折，有如河流，时缓时急、时高时低，扑朔迷离，表现出令人惊异的杂乱行为；而生命系统之中的熵流，更是作用奇特，耐人寻味。生命从无序的海洋中吸取有序，而将有序集中于自身，维系生计。换句话说，在非平衡条件下，熵流会产生有序和组织，进而产生生命。应该说，这削弱了热力学的传统观念，而注入了新的内容。有鉴于此，从热力学角度展望生物学主流，可以期望，物理学定律应有所作为，当能解释这一切。这其中，有关生命之本质的揭示最为引人注目。

早于 1943 年，著名科学家薛定谔（E.Schrödinger）就发表了以《生命是什么？》为题的小册子，以高度的洞见性，探讨了物理学规律在生命科学中的作用，闯入了这一圣地。文中也从熵变的观点分析了生命有机体的生长与死亡，创见性地提出：生命"赖负熵为生"，一语道破了个中奥秘。他指出：

> 一个生命有机体，在不断地增加着它的熵——你或者可以说是在增加正熵——并趋于接近最大值的熵的危险状态，那就是死亡。要摆脱死亡，就是说要活着，唯一的办法就是从环境里不断汲取负熵，我们马上就会明白负熵是十分积极的东西，有机体就是赖负熵为生的。

薛定谔的这一论点也引起争议。有人指出，一台洗衣机，不也是汲取负熵来抵消脏衣服中的混合熵，难道说洗衣机也有生命吗？不错，这里对于洗衣机的分析是正确无误的；但是，对于薛定谔的"赖负熵为生"的含义却理解不透。因为这句话并不意味着汲取负熵与生命等同，而只是强调了汲取负熵是生命的必要条件，并没有说也是其充分条件：生命离开不了汲取负熵，但单单汲取负熵并不构成生命。

我们业已看到，生物学为在远离平衡条件下可能发生的不稳定性提供了大量事例，而正是由于远离平衡的开放体系的非线性行为，使得物理学的主流再次充溢于生物学，给予理论生物学以强有力的推动，生物学家和物理学家携手，谱奏了一首和谐的交响曲。

作为一个范例，我们这里讨论一个较为简单的生态学问题：

自然界不同种类的生物在进行繁衍增生的同时，也受到生态环境及其他种类生物的竞争的制约。生态学的研究揭示了许多种动物群体逐年种群数的变化规律。为了对这些规律进行说明，往往采用简化的理论模型，可以认为，明年的种群数 x_{n+1} 作为今年种群数 x_n 的函数，即

$$x_{n+1} = F(x_n)$$

函数的具体形式可以多种多样。最简单的莫过于经典的马尔萨斯人口模型。采用线性的函数

$$F(x_n) = rx_n$$

这里的 r 表示种群的增长率。设 $r = 1$，2，若 $x_n = 100$ 则明年为 120，后年就等于 144。当然这样的模型过于简单，没有考虑到饥饿及竞争产生的影响。例如，繁衍过多时，食品短缺会造成种群数的减少。修正马尔萨斯理论的一种办法，就是将 $F(x_n)$ 中的 rx_n 乘上 $(1-x_n)$，设 $x_n \leqslant 1$，即 x_n 代表种群数乘上归一因子，就得到非线性的迭代关系

$$x_{n+1} = rx_n(1-x_n)$$

这样，当 x_n 甚小时，$(1-x_n)$ 因子起促进繁衍的作用；而当 x_n 过大时，$(1-x_n)$ 因子起遏止繁衍的作用。1974 年，理论生态学家梅（R.May）曾对这一生态模型进行了深入的研究。增长率参数 r 是控制长期种群数的关键。当 $r < 1$，$x_{\text{无限大}} \to 0$，种群趋于绝灭；如果 $1 < r < 3$，种群的逐年发展大体上可用图 6.15 上侧小块中的曲线来表示。经过振荡之后趋于某一定态值，其数值将随 r 的增大而增长。但是当 $r > 3$，曲线一分为二，种群数不再趋于单一数值，而是在不同年份交替地在两个点之间振荡，如图 6.16 中周期 2 的图所示。把 r 再调高一些，分岔再次发生，出现以 4 年为周期的振荡。然后随着 r 的增长分岔越来越快，出现周期 $4 \to 8 \to 16 \to 32 \cdots$ 序列，在 $r = 3$，5，$7 \cdots$，周期变为无限大，分岔图上出现一片乌黑。逐年种群数的变化变为完全随机的，见图 6.16，这就是混沌。1976 年，理论物理学家费根鲍姆（M.Feigenbaum）对于这一类非线性迭代关系的特征进行了深入的研究，表明通过倍周期到达混沌是某一类非线性动力学系统的共同性质，具有普适性。动力学系统的混沌行为，实质上是一种有组织的无序，与过去热力学所研究的分子无序，既有相似之处，又有明显的差异。1979 年，利布沙伯（A.Libchaber）研究了对流系统中的温度振荡，也发现了随着瑞利数的增大，通过倍周期通向混沌的迹象。当然，通向混沌的道路不止一种，上述的倍周期通向混沌只是多种可能性中的一种（见图 6.16）。

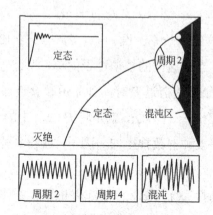

图 6.16　种群繁衍的非线性迭代模型

不解的疑团——"热寂"之谜

回到热力学第二定律的描述上来。热力学第二定律把不可逆热传播的结果纳入了能量守恒的世界，表明了自然界中存在着一种使能量逐渐贬值的"普遍"趋势。这里的"普遍"一词，显然具有宇宙学的涵义。由此，自然界中能够产生效应的差别在逐渐减小，世界在从一种转换走到另一种转换的过程中逐渐用完了它的种种差别，而趋向热平衡的终态。

有什么系统能比整个宇宙更"孤立"呢？对于宇宙来说，已根本不存在"外界"，没有任何体系存在于宇宙之外。正是这个概念构成了 1865 年克劳修斯对热力学两个定律所作的宇宙学的论断：

宇宙的能量是常量；

宇宙的熵趋于最大。

热力学定律得以提升到宇宙学的高度，显示了豪迈的气魄。现在，不断增加的熵控制了自然过程的方向，这些过程最终把系统带到对应于熵值极大的状态，即热力学"平衡态"。一如克劳修斯所说：

宇宙越是接近于这个熵是极大的极限状态，那就任何进一步的变化都不会发生了，这时宇宙就会进入死寂的永恒状态。

我们已知道，对于时间问题的认识有一递进的过程。19世纪在物理学中引进时间之矢，然而，有趣的是，时间之矢导致了趋向平衡和死寂。这多少使人有点茫然不知所措。

"热寂"之说困惑了物理学界甚至整个科学界，乃至于哲学界，引起震惊、关注，争论延续一个多世纪。显见，"热寂"是属于科学上无法用观测和验证做出最后判决的学术问题，引起关注以致争论是难免的。应该说，在能量守恒成功地推广到宇宙，"放之四海而皆准"之后，作为一个正确的自然科学规律的热力学第二定律推论到整个宇宙是很自然的事，有点水到渠成的味道。就此要完全摒弃这个推论——"热寂"——并非轻而易举。

诚然，一切差别、一切变化终归于消灭的"死寂"状态，展示了一幅平淡、无差别、死气沉沉的宇宙图像，给出令人沮丧的前景——"世界末日"。然而，就目前而论，完全看不到宇宙有任何"热寂"的迹象，实际展现在人们面前的宇宙图像完全是一幅丰富多彩、千差万别、生机盎然的，与"热寂"所描述的完全背道而驰。

"热寂"之说是以成为一谜。谜底何在呢？为解开这个谜，使物理学从此困境解脱出来，各种设想、假说、众说纷纭、莫衷一是。最具影响力的当推下面两种观念：

一种是玻耳兹曼提出的，即所谓涨落的说法。他认为整个宇宙处于平衡状态，但是我们的地球正好处在一个大的涨落状态，是偏离平衡态的。这一说法也有其困难之处。涨落是偏离平衡态的，但它毕竟还是接近于平衡态，处于平衡态的附近，小的涨落不断发生而大的涨落十分罕见。因而，由平衡态出发，单纯由于涨落效应而避免"热寂"，看来难以成立。但是在远离平衡态，涨落可能起了触发失稳的作用，导致不同形式的花样的产生和覆灭，对于形成丰富多彩的世界起了相当关键的作用。这也许是玻耳兹曼本人还没有意想到的。

另一种说法是前苏联理论物理学家朗道（L.D.Landau）所主张的。认为当考虑宇宙的大区域时，引力场起了重要作用，涉及范围愈大，引力的作用就愈突出。在天体物理领域，引力效应更是有着举足轻重的重要作用。当然，有不少问题暗示着要同时利用热力学和相对论。引力对热力学的影响相当于使系统受外界的干扰，而且是不稳定的干扰。均匀分布的物质可以由于引力的效应演变为不均匀分布的团簇，也正是由于引力的干预，使得实际的广大宇宙的区域始终处于远离平衡的状态。远离平衡时，层出不穷的新花样使人目不暇接，早已为人所领教。很清楚，从远离平衡这个角度更容易理解引力作用这一点。依前所述，在远离平衡态，系统可察觉、感知外部的场（比如引力场）的作用。然而一个外部场（引力场）又怎能改变平衡状况呢？就地球引力场而言，其量级较小，只有在高山上才能感受到大气压力或大气组成的明显变化。回忆瑞利-贝纳尔的对流失稳，从力学角度来看，其不稳定性的原因就在于热膨胀引起低密度流体的上浮。换言之，正是引力在这里起了主要作用，由此导致了一种新的结构。有一点须注意，引力在如此薄层（贝纳尔体系可以只有几毫米的厚度）上的效果，在处于平衡态时，当然可以忽略（事实上我们处理问题时已忽略）。但是，当它处在由于温度差所引起的非平衡态，引力的宏观效果甚至在如此薄层中也明显可见，足以说明引力对于广袤的宇宙的巨大影响力。非平衡态，尤其是远离平衡态扩大了引力的效果。于是，从实验观察来看，局域的问题往往趋向于平衡，而在大范围，则根本看不到任何趋向于平衡的迹象，而是各种图像在不断地演化，穷本溯源，那就是引力和涨落都在起作用。

现在我们来看一下现代天文学所揭示的宇宙演化的图像。20 世纪 20 年代中期，美国天文学家哈勃（E.P.Hubble），利用威尔逊山天文台当时世界最大的光学望远镜，发现了银河系以外遥远星系都纷纷作远离地球的运动，其速度和到地球的距离成正比。从这一观测结果可以推论，宇宙是在膨胀的，因为星系间的距离在增长。与早些时候，弗里德曼（A.Friedmann）和勒梅特（G.Lemaitre）将爱因斯坦广义相对论应用于宇宙学，得出的宇宙学方程式之膨胀宇宙的解这一理论预言相吻合。1964年，贝尔实验室的彭齐亚斯（A.A.Penzias）和威尔逊（R.W.Wilson）将当时世界上灵敏度最高的微波天线，指向空间各个方向，在偶然之中发现了宇宙空间存在有各向同性 3K（实测是 2.7K）黑体辐射背景。这一观测结果支持了早先伽莫夫（G.Gamov）有关宇宙起源的理论预言。他认为宇宙起源于 150 亿年前温度高达 100 亿度的"原始火球"的一次大爆炸，而 3K 的背景辐射正是这次大爆炸的遗迹。原始火球模型的重要性质在于，宇宙的年代愈早，能量就愈高，宇宙演化的方向指向能量尺度不断降低的方向。基本粒子过程中的相互作用最强，原子核过程次之，原子过程更次之，最弱的是引力相互作用。因而宇宙演化过程之中，起主要作用过程也大致依循这个顺序，这一图像和热力学预言的趋向平衡不尽相同。

当然，另一方面观测到宇宙 3K 背景辐射，也表明了在宇宙空间中同时存在趋向热平衡的倾向，高温星体的热辐射不断地在向背景辐射转移。而且即使在开放系统内，所有的过程也还是遵循热力学第二定律的，没有理由断然否认宇宙的熵恒增这一结论。

至于宇宙的结局究竟如何，科学上还是一个悬案，尚难以做出富有说服力的判断。令人感兴趣的是，诗人的想象也在这个问题上驰骋。19 世纪的英国诗人雪莱（P.B.Shelley）持乐观的态度：

> 世界的伟大时代重新开始，
>
> 黄金一样的岁月再度光临；
>
> 大地脱去冬季穿戴的丧服，
>
> 宛若灵蛇蜕皮而焕然一新。

而 20 世纪的美国诗人艾略特（T.S.Eliot）则持悲观的态度：

> 世界就如此告终，
>
> 世界就如此告终，
>
> 世界就如此告终，
>
> 非嘭然巨响，乃唏嘘饮泣。

对于这两种决然相反的观点，都可以找到一定的所谓"科学依据"为之辩护，但没有充分的科学数据来予以甄别，结果往往是从言之有理、持之有据的辩论而转为动感情的意气之争。

对于这类问题，依我们看，不下结论较为明智。奥地利哲学家维特根斯坦（L.Wittgenstein）的名言相信会给人们更多的启迪：

> 凡我们不可言说的东西，我们必须保持沉默。

第七章
"零"的追求——向绝对零度的逼近

    热力学第二定律与熵的引入不仅为热机（利用热来做功）的发展做出了重要贡献，也开创了一项新的技术：致冷技术（利用做功来抽取热量）。

    致冷技术的关键在于，从被冷却的物体之中抽取热量，就相当于抽取熵。随着物体之中熵的减少，物体的温度下降，而且气体可能凝结为液体，液体凝固为固体。常温下的各种气体，在低温下将逐一转变为液体和固体。最后一种被液化的气体是氦（其沸点为4.2K）。由于在低温下物性呈现出一连串新奇的现象，因而这个领域受到物理学界的重视，希望获得越来越低的温度成为一项有力的挑战。经过好几代科学家和技术人员的共同努力，逐步在向绝对零度逼近。这一长期持续的努力，谱写了物理与技术巧妙结合的激动人心的篇章。

"永久气体"——神话的破灭

    玻意耳定律揭示了理想气体的压力与容积之乘积为常数的关系。随着压力的增大，气体的体积将逐步减小。18世纪末，荷兰科学家范马鲁姆（M.Van Marum）作了一系列的实验，发现不断增加氨气的压力，达到 7 个大气压时，再进一步压缩，压力就停止增加，只是体积在连续缩小，出现了氨的液化。从而开始了一系列通过加压来使得气体液化的尝试。1822 年，著名的科学家法拉第实现了氯的液化，接着好几种气体都被液化了。但是氧、氮、氢这几种气体却拒不就范，单纯通过加压观察不到液化的迹象，从而使人产生错觉，使得有些科学家做出了这些气体是不会液化的永久气体这一错误论断。

但是，18 世纪著名的化学家拉瓦锡（A.L.Lavoisier）早就做出了精辟的预言：

> 如果把地球放在太阳系中较热的地方，比如说处于温度比水的沸点还高的环境，那么所有液体甚至某些金属都将转变成气体进入大气之中。另一方面，若把地球放在很寒冷的地方。例如木星或木星附近，那么我们的河流和海洋中的水都将变为冰山、空气，或者至少它的某些成分，不再保持为肉眼看不见的气体，而转变成迄今为止我们还不清楚的新液体。

他所强调的是使气体液化的另一重要因素：降低温度，认识到温度对于气体液化所起的作用。

理论上，使卡诺循环反转过来工作，就可能获得冷却到低温的效应。在温度下，经过等温压缩 BA 后，即进行绝热膨胀 AD，达到较低的温度 T_2，然后经过等温膨胀和绝热压缩，构成了致冷的过程（见图 7.1）。

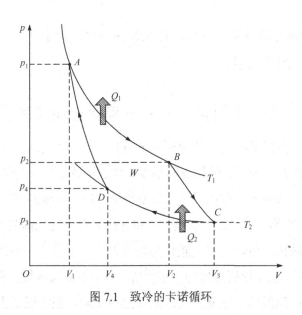

图 7.1　致冷的卡诺循环

　　而实际的致冷却往往采用一种连续冷却循环，如图 7.2 所示。西门子（W.Siemens）1857 年提出的设计方案，将压缩升温的热量用水冷凝器带走，然后再经过热交换器，受到绝热膨胀降温的气体进一步冷却，这样连续循环，可以导致气体的连续冷却，直到气体液化。1877 年，法国科学家盖勒特（L.Cailletet）和瑞士科学家毕克特（R.Pictet）采用低温加压的方法相互独立地几乎同时实现了氧的液化，观察到所产生的雾状物；不久以后，盖勒特又在氮中观察到类似的迹象。1883 年，两位波兰科学家沃罗布夫斯基（S.F.Wroblewski）与奥尔泽夫斯基（K.Olszewski）重复了盖勒特的实验，进一步获得

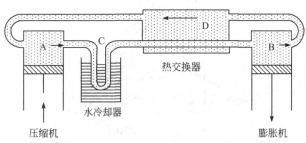

图 7.2　西门子连续冷却的装置

了静静沸腾的液态氧。这样，拉瓦锡的预言得到了证实，彻底粉碎了"永久气体"的神话。

从理想到实际——一篇博士论文的贡献

要进一步降低温度，使得所有的气体都实现液化，这需要对实际气体的状态方程和气。液相变的基本规律进行更加深入的研究。

1861～1869 年，英国科学家安德鲁斯（T.Andvews）研究实际气体中 p，V，T 的关系，探讨了玻意耳定律的失效以及气体在什么条件下会转变为液体，他以二氧化碳作为研究对象，进行了一系列漂亮的实验。图 7.3 显示了他所测出的一系列等温线。在高温区域，它和玻意耳定律接近；但低温区域显然与玻意耳定律不同。在等温线上出现了一个水平部分，随温度的上升，水平部分逐渐缩短，最后缩为一点，这就是临界点。临界点所对应的温度为临界温度。在临界温度以上，等温线虽然出现了和玻意耳定律的偏离，但气体不可能液化；在临界温度以下，等温线上的水平部分代表气-液相平衡，随着压力的增大，所有气体全部液化以后，等温线又陡峭地上升。这样就可以理解为什么在临界温度以上单纯加压力，不足以使得气体液化。

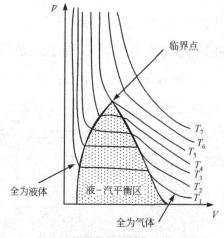

图 7.3　安德鲁斯测量的 CO_2 的等温线

安德鲁斯的结果沟通了气体与液体，阐明了其间转化的关系，有待于进一步的理论解释。这些引起了荷兰理论物理学家范德瓦耳斯（J.D Van der Waals）的关注。1872 年，范德瓦耳斯发表了题为"论气态和液态的连续性"的博士论文，将气体分子动力论从理想气体推广到实际气体，认为气体分子不仅具有动能，它们之间还存在相互作用。相互作用力使实际压力改变，并使其活动的体积减小。他用 $(p + a/V^2)$ 代替 p，以 $(V - b)$ 替换 V，改写了气体方程：计入分子间的吸引力，使分子有会聚的趋势，其作用相当于一附加压强；将体积减了一个常数 b，说明分子本身占有一部分体积。这样不仅可以说明气体等温线和玻意耳定律发生偏离；还能进一步解释气体过渡到液体的相变。

将范德瓦耳斯方程具体写出来，就是对 N 个分子的气体

$$\left(p + \frac{Na}{V^2}\right)(V - Nb) = NkT$$

在图 7.4 中画出了一系列的范德瓦耳斯等温线，和图 7.3 所示的实验曲线不同在于 $T < T_c$ 的区域内，原来的水平线变为具有极大值与极小值的连续曲线 $AEDFB$。在这一曲线上每一点代表了一种介于液态与气态之间的不稳定均匀状态。例如，试样原来处于均匀态 D。由于 dp/dV 为正值，气压随体积增大而增加。如果其中一部分偶然地稍加膨胀，由于气压比其他地方大，将继续膨胀达到 A 点为止；类似地，其余部分将发生收缩，达到 B 点为止。这样 D 点均匀相将分解为气相 A 和液相 B 的混合体。不难证明 $AEDA$ 区域和 $BFDB$ 区域将具有相同的面积。否则，使系统沿着 $AEDFB$ 曲线到 B，再沿着水平线段回 A，将可以形成不断作功的永动机。

在线段 FE，dp/dV 为正值，即使是微量密度涨落将导致不稳定的均匀相转变为稳定的非均匀相。而在 AE 与 FB 线段上，均匀相是亚稳的。即，对于微量的涨落是稳定的，只有对于能够成核的较大涨落方才是不稳定的。因此，如果精心控制条件，可以制备出过热

的液相或过饱和的蒸气。

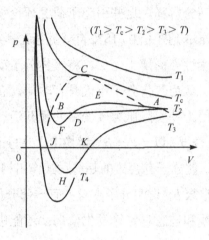

$$(T_1 > T_c > T_2 > T_3 > T)$$

图 7.4　范德瓦耳斯等温线

回到图 7.4，临界点 C，对应于 $AEDFB$ 曲线的极大极小值合并为一个旋节点，即

$$\frac{dp}{dV} = \frac{d^2 p}{dV^2} = 0$$

将此条件应用于范德瓦耳斯方程，就可以得出

$$T_c = \frac{8a}{27bk}, \quad p_c = \frac{a}{27b^2}, \quad V_c = 3Nb$$

这样，知道了 a，b 的值，就可以估算出临界温度等量，这在致冷技术中相当重要。

范德瓦耳斯方程的一个重要特征是具有普适性，对于不同的物质，具有相同形式的规律，差异仅仅在于参量 a，b 的数值。尤其是用约化量的表达式更具魅力。这里所谓"约化量"的表达式是指：如将 T_c，p_c，V_c 分别作为量度 T，p，V 的单位，可以获得约化值 T'，p'，V' 满足下列方程

$$\left(p' + \frac{3}{V'^2} \right) \left(V' - \frac{1}{3} \right) = \frac{8}{3} T'$$

此即范德瓦耳斯方程约化量的表达式，亦称之为范德瓦耳斯方程的对应态定律。

安德鲁斯在临界点附近还观察到密度异常涨落所引起的临界乳光等现象。有关临界点附近物理现象（即所谓临界现象）涉及具有长程关联的涨落现象，它的全面理论解释直到 20 世纪六七十年代方由卡丹诺夫（L.Kadanoff）与威尔逊（K.G.Wilson）所完成。

多孔塞的妙用——节流致冷

1895 年，建立了新的节流致冷方法。这种新的气体液化方法结束了气体液化进程的多年徘徊，走出了死胡同。

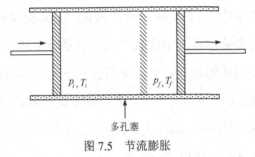

图 7.5　节流膨胀

焦耳在研究能量转化时，引起了对气体无功膨胀的兴趣。焦耳进行的实验，气体只允许膨胀进入较大的体积，在这过程中没有热量的交换（图 7.5）。由于在整个过程中没有做功，他的第一批实验是不得要领的；但到了 1852 年，他与开尔文合作配备了更灵敏的实验装置，使空气流过中间用多孔塞隔开的管子，因为多孔塞对气体形成了流阻，因此管子前面的压力比后面的大。在节流膨胀时，$U+pV$ 为一常数。如果是理想气体，U 和 pV 分别为常数，当然达不到致冷的效果；如果是实际气体，情况就不同了：pV 的变化导致内能的变化，相当于克服内聚力做了功，（$\partial T/\partial p$）就不等于零；多数气体经节流膨胀后，温度降低，即 $\partial T/\partial p$ 为正值，称为正效应；而在一些情况，膨胀后温度反而升高，即 $\partial T/\partial p$ 为负值，称为负效应。对某一种特定流体而言，在其 $T\text{-}p$ 图上可以找出一条

$$\frac{\partial T}{\partial p}=0$$

的曲线，称之为反转曲线。在曲线包围区域之内，（$\partial T/\partial p$）为正值，即发生节流致冷的区域。对于用范德瓦耳斯方程所描述的流体，最高的反转温度为 $T=(27/4)T_c$，这里的 T_c 为临界温度，反转曲线的端点为 $T=3T_c$，$p=9p_c$；利用节流膨胀的致冷，其优点是流体只需通过节流孔塞，而不需要有运动的机械部件，这使得致冷机的机械结构大为简化，问题是需要预冷到反转温度以下。

英国科学家杜瓦（J.Dewar）将氢液化的基本原理就是节流致冷。他的最重要的实验：氢气膨胀致冷循环就是将节流器与热交换器组合起来。正如预期的氢气在室温下节流膨胀是不会降温的，但经过液态空气预冷之后，再节流膨胀，致冷效应就很明显（图7.6）。1898年，杜瓦将氢气预冷至68K，成功地将氢气液化，温度降到20.4K，在向极低温的进军中迈出了一大步。

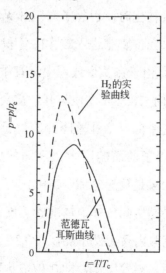

图 7.6 氢的反转曲线（实验曲线和范德瓦耳斯曲线）

结束与开始——氦的液化

然而，氢气并非是沸点最低的气体，通向绝对零度的下一步应该是氦的液化。

氦作为一种地球上的稀有元素，其化学性质又极不活泼，很难与其他元素构成化合物，以至于人们完全忽视了它的存在。它的发现颇具戏剧性。说来也怪，它是首先在太阳中被发现的；19 世纪中叶，基尔霍夫（G.R.Kirchhoff）与本生（R.N.Bunsen）发展了利用光谱分析的技术，可以根据特征谱线，来定出发光物体的化学成分。1869 年，洛克依尔（J.N.Lockyer）在日全食观测中，在日冕光谱（后来也在一般的太阳光谱）中观察到一条很强的光谱线，既不是氢，也不是钠谱线（和当时地球上的元素谱线都不同）。1871 年，洛克依尔正式宣布，将形成这条光谱线的一种太阳元素称之为氦（取自希腊神话中的太阳神 Helios）。在以后很长时间里一直认为氦仅在太阳中以气态而存在。1895 年，拉姆塞（W.Ramsay）在研究加热的铀矿石时，发现了氦气，在对其进行光谱分析时，也看见了那条在太阳大气中发现的明亮黄谱线，证明氦亦存在于地球上。

证明了氦的存在，而将其液化并非易事，多少人为此而却步。采用节流致冷显然是一法，然而能否成功将取决于在液氢所能达到的最低温度下，预冷的氦气经历节流时能否进一步降温。杜瓦认为，若能知道氦的临界点，就能估计出氦的液化温度，也能估计出氦进行节流膨胀能有降温效果的温度范围。1904 年，杜瓦精巧地设计了一个实验，研究处于液氢温度下的活性炭吸附氦气性能。通过测定氦气的吸附数量，就可知道在该温度下氦分子与活性炭分子之间吸引力的强弱，从而估计出临界温度。据此，杜瓦估计出氦的临界温度为 6K。1907 年，昂内斯（K.Onnes）根据等温条件 pV 曲线的测量证实氦的临界温度确在 5~6K 之间，说明杜瓦的原先估计是正确的。

氦的液化是一场国际上的科学竞争，英国的杜瓦、波兰的奥尔泽夫斯基及荷兰的昂内斯等都参与角逐。

昂内斯进行了精心准备（在理论上、设备上），采取步步进逼的方法，对氦的液化发起进攻。1908 年 7 月 9 日晚上，最后一种自然气体——氦液化成功，这标志着一个时代的结束，同时也标志了一个新时代的开始。人类终于打开了充满神奇现象的低温世界的大门，进而登堂入室，对物理学的发展产生深远的影响。

值得指出的是，昂内斯在这场竞赛中获胜绝非偶然。他的工作体现了科技集体化的新精神，他可以毫不夸张地被认为是 20 世纪大科学的始祖。在莱顿大学的低温实验室，集中了许多工程技术人才配合物理学家一起工作，是一个相当庞大而组织良好的研究集体，正因为此，得以在低温物理和技术领域中保持绝对领先地位长达 25 年之久。

图 7.7　昂内斯（1853～1926）

随着新的实验资料的积累，一些老的物理概念在绝对零度附近不再适用，一些熟悉的物理图像也起了变化，变得似乎是那么陌生。尽管当时对这些变化的原因和意义还不理解，但是对它们的存在则是毫无疑义的了。

1934 年，前苏联科学家卡皮查（P.Kapitza）制造出一台新型的氦液化器，其特点在于利用活塞绝热膨胀做功以预冷到氦反转温度以下，再进行节流致冷使氦液化（见图 7.8）。到 1946 年，美国的柯林斯（S.C.Collins）设计制造了和卡皮查型氦液化器的工艺过程相似的大型液化器，这就成为现代低温实验室标准的氦液化器，只需用液氮预冷，比以前需液氮、液氢两级预冷要方便得多。在柯林斯液化器普及以后，低温研究不再是少数实验室特有的研究领域，而成为一般物理学研究的必要条件。

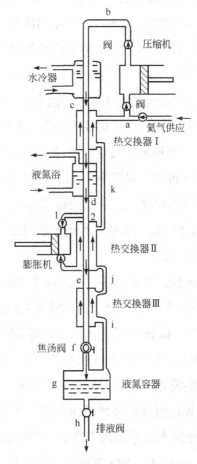

图 7.8　卡皮查氦液化器

八仙过海——致冷奇招

按照饱和蒸气压曲线，同一温度下，液相可以和气压等于饱和蒸气压的气相保持平衡。两相的温度相等，但摊给每一分子的熵值却并不相同。液相为低熵相，气相为高熵相。因而当分子从液相蒸发到气相，会导致熵的增加，也就是说需要吸取热量。如果蒸发在绝热条件下进行，那么，就会使温度下降，这就是蒸发致冷。为了使蒸发不断地进行，可以利用真空泵，将蒸气抽空。这就是昂内斯实现了氦的液化之后，进一步降低温度的方法。1922 年，他采用了 12 台扩散泵抽走低温恒温器内液态氦的蒸气，达到了 0.83K 的低温。

通常的氦原子，绝大部分是由两个质子加两个中子构成的原子核，再加上两个电子所组成。其质量数为 4，称为 ^{4}He 同位素。天然氦中还含有少量的（约万分之一）^{3}He 同位素，其原子核由两个质子与一个中子构成。由于 ^{3}He 含量甚微，早期的工作将它完全忽略了。二次大战后，核反应堆技术的发展，导致工业生产一定数量的 ^{3}He 供低温技术应用。1949 年，荷兰科学家德玻尔（J de Boer）运用范德瓦耳斯方程的对应态定律，预测了 ^{3}He 的 p-T 图，正确地指出了 ^{3}He 的沸点约比 ^{4}He 低 1K。这样，利用液态 ^{3}He 的蒸发致冷，就可以获得低达 0.3K 的温度。

由于 ^{3}He 比 ^{4}He 轻，在低温下，在 ^{3}He 与 ^{4}He 的混合液中，^{4}He 集中于容器下方，^{3}He 集中于容器上方，两者之间出现有明显的分界面。如果少量分子自 ^{3}He 富集区进入了 ^{4}He 富集区，构成 ^{3}He 在 ^{4}He 中的稀溶体（图 7.9）。由于混合熵的存在，这一过程也将导致熵的增加。也可产生与蒸发致冷相似的稀释致冷效果。早在 1951 年，伦敦（H.London）就提出过稀释致冷的可能性。如果能将 ^{4}He 液体中溶解的 ^{3}He 抽掉，导致 ^{3}He 不断溶入 ^{4}He，将和蒸发致冷一样，获得致冷的效果。但在 4mK 下，^{3}He 蒸气压几乎为零，因而无法用真空泵来达到这一目的。

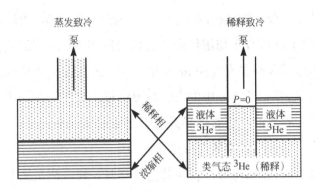

图 7.9　蒸发致冷与稀释致冷

　　为了使泵浦可能实现，就需要增加一级蒸发器 S。其中用电加热器使温度升至 0.7K，在这一温度下，^{3}He 溶液浓度降至 1%，而液面上与 ^{3}He 蒸气保持平衡，可用普通的真空泵来抽取 ^{3}He 蒸气。这样就导致致冷到毫开领域。现在，稀释致冷机已经成为实验室的标准设备。一台实际应用的稀释致冷机的设计图如图 7.10 所示。

图 7.10　稀释致冷机流程图

　　稀释致冷机的基本部分是一个封闭的循环系统。^{3}He 与 ^{4}He 混合液借助于抽气泵在其中循环。混合液通过与 ^{4}He 池（$T = 1.3$K）接触以凝成液体，进而在热交换器中进一步被冷却，最后进入整个循环系统的最冷部分（T 在 0.1K 以下）——混合器，^{3}He，^{4}He 在其中分离，^{3}He 原子从富 ^{3}He 相溶解到下面富 ^{4}He 相中。回流的液体在蒸发器（用加热器保持温度为 0.6K）中，^{3}He 先蒸发流回蒸气泵而将富 ^{4}He 留下。这样，富 ^{4}He 中的 ^{3}He 浓度降低。但在一定温度下，其浓度又是固定的数值，这必然导致混合器中的富 ^{3}He 穿过界面稀释到富 ^{4}He 中，以保持其中的 ^{3}He 浓度。

如此，^{3}He 在稀释致冷机中作连续循环，利用热交换器增强致冷效果。

值得一提的是，蒸发与稀释都导致熵的增加，而凝固通常是熵减少的过程，一般不能用于致冷。1950 年，玻梅朗丘克（J.Pomeranchuk）注意到 ^{3}He 的独特性质，在加压凝固过程中，由于核自旋无序化的效应，可以导致熵的增大，提出玻梅朗丘克致冷原理。使用此法可达到 mK 量级的极低温。

^{3}He 应用于低温技术是 20 世纪 50 年代以后的事情。在 20～50 年代之间，如何从 ^{4}He 蒸发致冷从 1K 左右的温度下降到 mK 的量级，就是采用了绝热退磁致冷的技术。

1926 年，乔克（W.F.Giauque）与德拜（P.Debye）分别提出顺磁盐绝热退磁致冷的原理。在顺磁盐的一般情况下，磁矩（电子自旋）的排列是混乱的。如果外加磁场，将导致磁矩的排列有序化，达到低熵态。如果在绝热条件下退掉磁场，磁矩的排列随即趋于混乱，所对应熵的增加必须由环境吸取热量，导致温度的下降。图 7.11 表明了退磁致冷的原理。

绝热退磁致冷的道理很清楚，但要具体实现它却要解决一系列的技术问题。1933 年乔克所进行的实验，系用硫酸钆为样品，从 3.4K 的预冷温度，用绝热退磁达到 0.53K。在此之后，用更强的磁场和硝酸铈镁（CMN）作顺磁盐，可达到 3mK，后又以镧来取代部分的铈获得硝酸铈镧镁（CLMN），再用氘取代结晶水中的氢，可达到 0.42mK。这是顺磁盐类绝热退磁法达到的最低温度。吴健雄等用钴-60 的核自旋取向来验证宇称不守恒的著名实验,就是采用 CMN 绝热退磁来获得低温的。

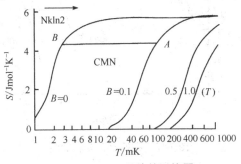

图 7.11　CMN 晶体的温熵图

早在 1936 年,前苏联科学家许勃尼科夫(L.V.Shubnikov)和拉扎霍夫(B.G.Lazarev)就发现了不仅电子自旋可以产生顺磁性,核自旋也可以产生顺磁性。于是很自然地想到可以利用核自旋绝热退磁技术来获得极低温。但考虑到核自旋仅为电子自旋的千分之一,因而使核自旋有序化的磁场需很高,而且起始预冷温度要很低——0.01K。英国牛津大学的西蒙(F.Simon)与柯蒂(N.Kurti)经过多年的准备,终于在 1956 年进行了首次成功的核退磁实验,温度低达 16μK。

绝热核退磁致冷,是目前进入微开(μK)领域的实验方法之一。目前核退磁致冷主要有两种,一种是铜,另一种是 PrNi, 合金。图 7.12 显示了不同磁场下,铜的核磁温熵图。从 A 点 $[B_i = 10T$(特斯拉),$T_i = 35mK$,$B/T_c \approx 300T/K]$ 进行等熵退磁,可以达到 B 点的终态温度为 1μK,其达到的终态温度 T_f,与起源温度 T_i 之比大体上满足如下的关系

$$T_f = \frac{B_f}{B_i} T_i$$

当然,这里的终态场强 B_f,不是指外加场强,而是实际作用在磁矩上的有效场强,不可能等于零。实用 B_i/T 的最大值约为 2000T/K。

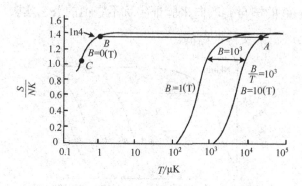

图 7.12　铜的核自旋温熵图

现代的绝热退磁致冷机的设计大致如图 7.13 所示。起始状态若为 $T_i = 10\text{mK}$，可由稀释致冷机的混合室通过闭合的热开关相联接，然后磁场由 $B = 0$ 升至 B_i，磁化引起的热量由热开关导至混合室。然后热开关断开，使致冷剂热绝缘起来，再缓慢等熵退磁到 B_f，而温度降至 T_f。

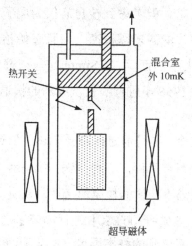

图 7.13　退磁致冷装置

"熵"中看"光"——独辟蹊径

爱因斯坦在他的奇迹之年（1905 年）发表的第一篇重要论文，题为"关于光的产生和转换的一个推测性的观点"，其中明确地提出了光量子（现简称为光子）的概念。他的基本思路来自他几年前所关注的分子动理论与统计力学。他将充满一定体积中理想气体的熵和一定体积的空腔中辐射（即光）的熵进行了类比，利用玻尔兹曼的熵的统计解释，就可以轻而易举的得出前者是和体积的对数成正比关系。即气体充塞于较小的体积之内，密度甚大，相当于有序相，是低熵态；当这些气体原子通过扩散过程，终于均匀地分布于较大的体积之中，对应于无序相，乃是高熵态。爱因斯坦的物理洞见即在于认定在空腔中光的熵与体积关系也应如此。从而在此基础上他就提出了光量子的概念：光是由大量的光子所组成的；一个光子所具有的能量为 $h\nu$（h 为普朗克常数，ν 为光的频率），和普朗克在他的黑体辐射理论所假设的能量量子等同。爱因斯坦相当慎重地采用"推测性观点"为题，就在于说明它还缺乏严格的理论推导。他的基本观点可以归结为：对时间平均值（即统计的平均现象）而言，光表现为波动；而对于瞬时值（即涨落现象）而言，光则表现某种粒子的特征。这是在科学史上首次揭示了微观客体呈现了波和粒子的二象性，具有划时代性的重要意义。

在这篇论文的最后一节中提到了光电效应。爱因斯坦认为勒纳德（P.Lenard）所测出的金属表面发射的电子所具能量与照射光的波长有关这一现象，可用光量子来给出定量的说明。在 10 年以后，密立根（R.A.Milliken）对光电效应进行了精确的测量，所求出的 h 值和普朗克由黑体辐射理论得出的 h 值基本一致，使光量子的概念得到了令人信服的证实。值得注意的是密立根自述的一段话：

> 我花费了十年工夫来检验爱因斯坦在 1905 年所提出的方程是否正确？结果和预期正好相反，我不得不于 1915 年宣布这一方程得到了毋庸置疑的证实。虽则我认为它似乎是毫无道理地破坏了众所周知光的干涉现象。

这充分体现出了一位实验科学家的坦诚与执着，尽管他不理解也不喜欢被他所验证的理论，但并不私阿所好，充分尊重客观事实，十载寒窗，孜孜不倦，从而对科学做出了重要贡献。

在 1916～1917 年间爱因斯坦发表了两篇题为"关于辐射的量子理论"的论文，除了综述这一领域的成果，还提出了一些新概念：首先认定一个光子除了具有特定能量 $h\nu$ 外，还具有特定的动量 p，其数值为 $h\nu/c$；另外他还对玻尔（N.Bohr）的电子在能级跃迁的辐射量子理论做了重要补充，即提出了受激发射的新概念。当一个光子为原子所吸收时，其结果为使原子中的一个电子从低能级跃迁到高能级。但反过来电子从高能级跃迁到低能级所引起的光发射却可能存在两种不同的方式：其一是常规的自发辐射，其光子动量在方向上是完全无规的，和吸收的光子的动量毫无关联；另一种是受激发射，所发射的光子的动量在方向和大小上，都与吸收的光子相同。这两个新概念不论在物理上和技术上都产生了重要后果。光子具有动量的概念对随后发现的康普顿（Compton）效应的理论解释起了关键作用：即 X 射线（高频光子）与电子的散射过程，既要满足能量守恒还要满足动量守恒。也可以说，在康普顿效应发现之后，对光量子概念的反对终于偃旗息鼓。至于受激发射的实现和利用，是 20世纪 50～60 年代物理学的重大成果，而且激光的发现不仅带来了一场光学与光谱学的革命，还引发了信息技术的一场革命使得光子技术和电子技术可以相提并论，影响至为深远。另一方面，它也引起了激光致冷技术的异军突起，这一问题将在下节予以介绍。

异军突起——激光致冷

采用上述的各种致冷技术，到达低温之后，物质全都冷凝为液体和固体。对物质整体冷却的最低温度不过 μK 的量级，虽则物质中的某些子系统，例如自旋，能够达到 nK 的量级。到 20 世纪后期，用激光冷却中性气体，可以突破 $10\mu K$ 的极限，为致冷技术谱写了光辉的新篇章，而且为物理学进一步的发展做出了重要贡献。

激光致冷是光压的具体应用。光压的概念首先来自于天文观测，天文学家发现彗星尾巴的方向始终背离了太阳，这就导致开普勒猜想：这是太阳光施加压力所导致的。到 17 世纪，牛顿提出了光的微粒说就使这一猜想更顺理成章了。19 世纪，麦克斯韦提出了光的电磁理论后，就明确计算了光对宏观物体会产生压力，即光压，虽则数值微小。在 1901 年俄国科学家勒伯杰夫（P.Lebedev）在实验中予以证实。20 世纪初，爱因斯坦提出了光量子理论，表明一个光量子既具有能量 $h\nu$（h 为普朗克常数，ν 为频率），又具有动量 $h\nu/c$（c 为光速）。他还明确指出，如果一个原子吸收了一个光子，将沿光子入射方向获得动量 p_1，如果随后原子发射一个光子，光子射出的动量 p_2 会引起原子的反冲，因而原子获得净动量就等于 $\Delta p = p_1 - p_2$。这样就将光与中性原子的机械相互作用阐明得一清二楚了。1933 年弗里希（R.Frisch）用钠光灯照射钠原子束引起了偏离，首次演示了光子为原子共振吸收所产生的作用力，证实了爱因斯坦的光子理论。但只有到 1960 年激光问世之后，实验室中方才获得高亮度、高度单色性和准直性的光束，使光子与原子机械的相互力问题更加现实化了。1975 年亨希（T.W.Hänsch）与肖洛（A.L.Shawlow）就提出了两束相互对射的激光来冷却中性原子的建议。设想一原子以速率 v 沿 x 方向运动，而一束激光迎面射向运动的原子。原子对光子的吸收存在共振效应，即光的频率等于原子的本征频率时最强。现在吸收光的原子与波源之间存在相对运动，因而存在多普勒（Doppler）效应。日常生活中多普勒效应最明显的例证莫过于人听到火车驶过的汽笛声的变化，当火车迎面而来时，汽笛声变尖，即频率升高；当火车远离而去时，汽笛声变哑，即频率降低。由于多普勒效应，运动原子感受的迎面而来的激光频率为 $\nu = \nu(1 + v/c)$，c 为光速。由于 $v \ll c$，原子吸收最强的光频将偏离本征频率 ν_0 而为 $\nu = \nu(1 + v/c)$，即位于共振吸收负失谐 $\delta = \nu_0 - \nu$ 处。若原子沿 x 轴作一维无规运动，方向有正负，速率有大小，用方向相对两束调频到负失谐的激光照射，则原子优先吸收迎面而来的激光束中的光子，从而减低原子运

动的速率以达到冷却的目的。因为我们知道 $kT = mv^2$，图 7.14 显示
了在这一情况下的原子吸收光子的动量总与运动方向相反。当然，
原子吸收光子之后，还会发射荧光光子，但其发射方向是无规的，
其平均动量为零。因而净的效应是原子迅速减速而达到冷却降温的
效应。由于原子每秒吸收的光子数可高达 $10^7 \sim 10^8$，因而这种减速
力相当可观。以钠原子 589nm 的谱线为例，其减速力可高达重力加
速度 g 的 10^5 倍。这一类型的激光致冷称为多普勒致冷。

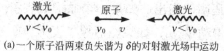

(a)一个原子沿两束负失谐为 δ 的对射激光场中运动

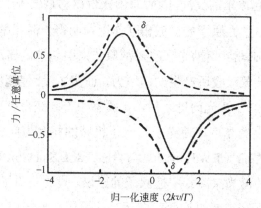

(b)低激光强度，由于激光负失谐，原子感受到来
自反方向的激光的平均作用力

图 7.14 多普勒致冷的机制

实现多普勒致冷的关键一步，是华裔科学家朱棣文领导的小组
在贝耳实验室于 1985 年所做出的。他们将上述的一维情况扩展到三
维，从上下左右前后有六束激光射向一团原子上，并测量了处于激
光交汇处冷却下来的原子团温度，结果为 240μK。表明实际上原子
速率并未减到零。这也是预料之中的事，道理也不难理解：原子吸
收光子后得到一个无规反冲的动量，其平均值虽为零，但由于涨落
的效应，其平方的平均值并不为零，何况这些次生的荧光光子还会
被邻近的原子所吸收而获得一无规的动量。因而在六束激光交汇处，

原子和光子不断吸收和发射，交换动量，处于乱作一团的胶着状态，它们都像布朗运动的粒子一样作无规行走，从一处扩散到另一处，宛如一团糖浆。因而被称之为光学黏团（optical molasses）。可以从理论上估计光学黏团中这种吸收与冷却发射加热达到平衡时的最低温度为 $T_{\min}$，而

$$kT_{\min} = \frac{h}{2\pi} \cdot \frac{w}{2}$$

即当负失谐量 δ（$=\nu_0 - \nu$）正好处于原子共振吸收范围之内，即和谱线宽度 w 之半相当。图 7.15 显示了产生光学黏团实验装置的示意图（原子束由 10ns 倍频 YAG 激光蒸发一固态纳薄片所产生。液氮冷却的隔板是一有效的低温泵，反应室的真空度约 2×10^{-8}Pa）。冷却主要由激光束来实现，只需液氮的预冷。

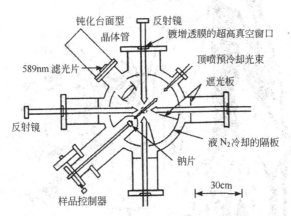

图 7.15　带有正交激光束和脉冲原子束真空反应室示意图

朱棣文小组的光学黏团实验引起了科学界的重视。许多人来重复他的工作，1987 年美国国家标准局费利普斯（W.D.Phillips）小组重复了这一实验，测得温度竟低达 40μK，即仅为多普勒极限的 1/6，这一结果十分惊人。经过反复确认无误后，在巴黎高师执教的柯亨-达诺基（C.N.Cohen-Tannoudji）与朱棣文等重新思考多普勒极限理论的正确性，并表明可能存在重要的致冷机制隐匿在内，尚待发现。

图 7.16　西西弗斯神话

这样就导致进一步开拓了亚多普勒致冷技术。多普勒致冷极限的理论中只考虑了原子只有两个能级，即基态和激发态。实际上实验中所用的原子与钠金属等原子基态本身就分裂为两个或更多能级，还有在多束激光交汇处,光的偏振态不是一致的,而会随地点变化,即具有"偏振梯度",可以设想一个原子沿了偏振场起伏的曲线(设为一正弦式)到达势谷的位置。要进行爬坡,只有消耗它的能量,因而减速。到了势峰处,又由光抽运到高能级再发射光子回复到势谷。这一过程若反复进行,会产生显著的冷却效应。柯亨-达诺基是法国人,他熟悉存在主义作家加谬(A.Camus)名著《西西弗斯神话》(Le Mythe de Sisyphe),其中将现代人的困境比拟为希腊神话中人物西西弗斯(Sisyphus)遭神谴而服苦役,徒劳无功地整日将大石块推向峰顶,当石块下坠后,再推上去,周而复始,直至耗尽体力。他将这一冷却机制命名为西西弗斯致冷(见图 7.17,原子沿偏振场势能曲线爬坡,到达峰顶后又经光抽运到能谷)。这种机制导致了经多普勒致冷的原子进一步冷却,其极限温度与激光强度和频率失谐量有关,原则上可能达到和发射一个光子所带的反冲动量相对应的最低值,即 $kT_R = (h\nu)^2 / mc^2$,T_R 为反冲极限。对钠原子,T_R 为 2.4μK;对铯原子,则为 0.2μK。

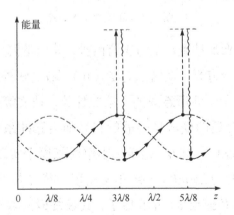

图 7.17　西西弗斯致冷机制的示意图

(原子沿偏振场势能曲线爬坡,到达峰顶后又经光抽运到能谷)

上述的冷却原子的机制都包含了光子的吸收与发射,因而和光子的动量交换有关,因而其冷却温度受反冲极限所限。如果超越这一极限就需要新的冷却方案，这就导致亚反冲激光致冷的新领域。其基本思路在于如何创造出一种情况，由于光子吸收时率 Γ 与原子在速度空间作无规行走的跳跃时率 R 是等同的，使得 R 依赖于速度，而当 $v=0$ 时，也等于零。考虑一个 $v=0$ 的原子，由于光的吸收完全淬灭，必然不存在由吸收而来的自发辐射和相应的无规反冲。这样一来，超冷的原子（$v\simeq 0$）处于暗态，可不受光致反冲的影响。而另一方面 $v\neq 0$ 的原子，可以吸收并重新发射光子，从而引起速度在无规的变化，可以导致 $v\neq 0$ 原子向 $v\simeq 0$ 的暗态聚集，从而被囚禁（见图7.18）。

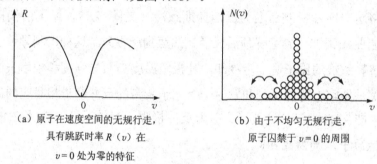

（a）原子在速度空间的无规行走，
具有跳跃时率 R（v）在
$v=0$ 处为零的特征

（b）由于不均匀无规行走，
原子囚禁于 $v=0$ 的周围

图7.18　亚反冲激光致冷

　　具体实现亚反冲致冷的方案有两种：其一是柯亨-达诺基等提出的相干布居致冷方案，其特点为 R（v）在 $v=0$ 处等于零，是由于吸收振幅的量子干涉所造成的；第二种是朱棣文等提出的拉曼致冷方案，是利用合适的受激拉曼散射和光抽运脉冲系列来调制 R（v）曲线的形状。1994年柯亨-达诺基小组对氦原子实现了二维 VSCPT 冷却，获得温度为250nK，1995年又实现三维冷却温度低达180nK。由于这类方案是捕集 $v\simeq 0$ 的原子，其最终极限取决于相互作用的时间。因而不存在明确的温度的下限。1997年诺贝尔物理奖授予了朱棣文、柯亨-达诺基和费利普斯三人，表彰他们发展激光致冷的功绩。

艰辛的历程——创世界纪录

在朝向绝对零度进军的过程之中，必然面临能否测量及如何测量极低的温度这一问题。

在这里，开尔文开创的绝对温度就不是可有可无的事了，应该充分利用卡诺循环来定出温标。由于在 1K 以下，不再有未凝结的气体，利用 p，V 变化的卡诺循环显然不合适了；取而代之的是利用顺磁体磁化过程的卡诺循环，见图 7.19。

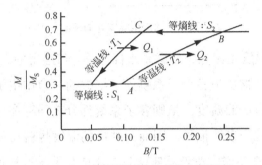

图 7.19　理想顺磁材料的磁化卡诺循环

于是，就可以在低温领域内采用适当的物理量来度量温度，再和绝对温标联系起来。

采用的具体温度测量方法以及应用范围如图 7.20 所示，在此不一一进行讨论。值得注意的是，能够延伸到 1mK 以下的只有金属磁化率的测量。在 1mK 以下，铂的核磁化率 χ 遵循居里定律的关系（$\chi = C/T$），这样就可以根据核磁化率的测定定出温度。在常温下气体的温度会影响光谱线的多普勒增宽，可以从谱线的增宽来推测温度。而近年来用来进行激光致冷的稀薄气体范围都在 1mK 以下。用谱线增宽来测温已无济于事。因而采用的是飞行时间法来直接测量原子的速度分布，再倒推出温度。

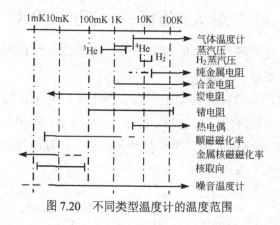

图 7.20　不同类型温度计的温度范围

平衡态温度是由热力学联系来标定的，与选用的具体材料无关。但是在低温，物质中各个子系统如晶格振动、自由电子与核自旋，可以各有其自己的温度。虽则各子系统部分之间存在热交换，但是到达平衡的时间也许很长。因而反映出的温度也就可能有差异。例如，1956 年在牛津大学低温实验室首次成功地进行核退磁致冷实验时，获得了创记录的 $16\mu K$ 的温度。但只持续了 1 分钟，由于自由电子和晶格仍然处于起始的温度，即 20mK 因致冷样品中，核自旋与晶格振动与自由电子之间的强烈的能量交换，导致核自旋很快回升到起始猛度。这里涉及核磁温度 T_n 与晶格温度 T_e（加自由电子）通过热交换达到平衡的问题。这一物理问题通称为自旋-晶格弛豫。可以引入弛豫时间 τ_1 来反映到达平衡所需时间的量级，即

$$\frac{d\frac{1}{T_n}}{dt} = -\frac{\frac{1}{T_n}-\frac{1}{T_e}}{\tau_1}$$

而 τ_1 与 T_e 的乘积为一常数 $\tau_1 \cdot T_e = C_k$，这里 C_k 为柯林加常数（Korringa constant）。可以看出，随着温度的降低，τ_1 的时间就愈长。图 7.21 显示了具体计算的结果：在 1.5mK 以上，T_e 与 T_n 几乎没有差别；在 1.5mK 以下，差别逐渐增大；在 0.6mK 以下，T_e 与 T_n 可以长期保持不同数值，达不到平衡。

低温技术日益发展，其中有些技术，如顺磁退磁致冷；玻梅朗丘

克致冷（亦称 ^{3}He 的凝固致冷）等，虽然在历史发展过程之中，曾扮演了十分重要的角色，但已经为更方便、更先进的技术所取代。目前总的情况是，在液氦温度以下，用 ^{3}He 蒸发致冷以达到 0.3K；用稀释致冷机达到几个 mK；最后，用一级或两级 $PrNi_5$ 与 Cu 并用核退磁致冷达到 μK 级的温度。在激光致冷技术发展之后，在陷阱中原子集团或稀薄气体获得了前所未有的低温。利用亚多普勒致冷技术，可以得到 20μK 的温度；利用亚反冲技术则可达到 pK 量级的温度。刷新了低温的世界纪录。图 7.22 显示了历年所达到最低温度的记录。

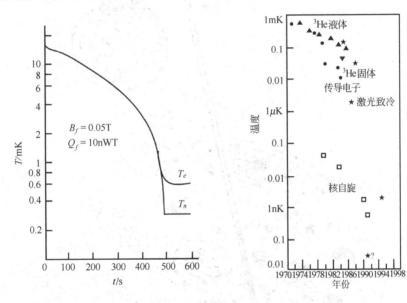

图 7.21　铜样品退磁后温度的计算结果　　图 7.22　低温记录

谈到温度记录，有两点值得注意：其一是某些温度记录只是表明某一子系统温度，而非整体的温度；例如核自旋温度；其二是有些被测的系统中原子数不大，例如激光致冷的原子系统，而且往往以牺牲原子数为代价，来选取少量速度慢的原子，从而达到更低的温度。

当然，随着时代的前进，更低的记录必将继续涌现，和绝对零度的差异将日益缩小。

在下面的章节中，我们要向读者介绍低温和极低温所带来的令人耳目一新的物理学。

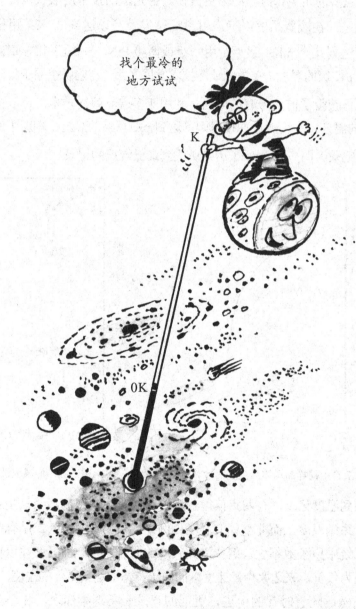

图 7.23　绝对零度不能达到

第八章
琼楼玉宇，高处不胜寒——奇妙的低熵世界

一个多世纪以来，低温技术日臻完善，取得了伟大的成就，最低温度的记录不断被刷新，绝对零度逐步被逼近。然而，一条热力学第三定律，有如不可逾越的屏障，巍然屹立，无情地割断了人们的眷恋、向往，绝对零度如水中之月、镜中之像，可望而不可即。

热力学第三定律以其博大的胸怀，深沉的涵义，沟通了化学和物理的宽广领域，架设了联系低温和低熵的桥梁，开启了低温世界的大门；它也揭示了经典统计的不足之处和谬误所在，为量子论和量子统计的创建立下了汗马功劳。今天，借助于量子统计和量子力学，人们得以登堂入室，窥探自然界最奇妙的有序相——超导体和超流体，并领略个中奥秘。但除了和低温联系在一起的低熵相以外，还存在另一可能性，即在负温度区内的低熵相，已为当代激光技术所利用。

登场亮相——热力学第三定律

1906 年，能斯脱（W.Nernst）在研究低温下各种化学反应性质时，总结大量实验资料，提出了一个普遍规律，即

$$\lim_{T \to 0}(\Delta S)_T = 0$$

用文字可表述为：

凝聚系统的熵变在等温可逆过程中随温度趋于零而趋

于零。

被称之为能斯脱定理。这个定理后来被称为热力学第三定律。

后来人们发现，能斯脱定理的表达方式没有充分体现热力学规律应具有的普遍性。而能斯脱定理的一个推论：

  绝对零度不可能达到。

这一原理则更具有普遍性，因而一般反而把"绝对零度不能达到原理"，作为热力学第三定律的标准说法，而能斯脱定理则屈为它的推论。

热力学第三定律以否定一种事物的形式出现。即，$T = 0K$ 的物体不可能存在。这令人联想到第一定律与第二定律的类似表述，即

  第一类与第二类永动机不可能存在。

热力学第三定律显然不是第二定律的推论，而是另一个独立的热力学定律，是阐述绝对零度及其附近时，物质的热力学及与之有关的性质和基本规律。在历史上，热力学第三定律是从大量实验事实中总结出来的，作为经验规律，它与热力学第一、第二定律，共同构筑了热力学整个逻辑基础的公理化原理体系。从统计力学的观点来看，第三定律是物质微观运动的量子力学本性的结果。

我们说，热力学第三定律在低温物理上的重要性，很大程度上需要从能斯脱定理的两个更一般地表述中寻找，绝对零度不能达到原理是其中之一，另一是零点熵的概念。

注意到能斯脱定理与绝对零度不能达到原理是等效的，而

  不可能施行有限的过程使系统的熵达到零点熵

为热力学第三定律的又一表述。这里零点熵就是 $T = 0$ 时对应的熵。1911 年，普朗克又提出所有的晶体在绝对零度时，熵都相等，因而可把零点熵规定为零，即把 0K 时的态取作标准态，而设

$$\lim_{T \to 0} S = S_0 = 0$$

于是任意态的熵就唯一地确定了（按这种方法定义的熵有时称为绝对熵），即在这种规定之后，熵的数值中就不再包含任意常数了，

为完成熵的定义铺平了道路。绝对熵的说法可以代替能斯脱定理，且更为简单。它不仅用熵变观点表述或诠释了能斯脱定理，而且把绝对零度的熵等于零，作为熵的绝对值，即熵变的起点，因而使热力学三定律紧密联系起来。尽管在熵变过程中，三定律各自具有不同的含义。

回过头，再来完成熵的定义。

我们在引进熵，加以定义时，给出了一个式子

$$S - S_0 = \int \frac{dQ}{T}$$

如此定义的熵，当然不能算是完全，尚留下一个待定的常数 S_0（对应于状态 0 的熵值）。已知许多物理、化学现象与此常数有重要关系，需选择某一特定状态的熵值作为零点值，以便给出任一状态的熵值，而不是两状态间的熵差值。这一问题在热力学第三定律提出后得到了解决。而且，值得注意，在玻耳兹曼关系式

$$S = k \log_e W$$

之中，也不出现 S_0 项。当我们了解到这一关系式是在第三定律建立以后，方始由普朗克首次写出的，也就不足为奇了。

根据第三定律，使得我们在需要计算若干状态的熵的绝对值，只需要将积分路线的始点——初态 0 选择在绝对零度，即取 $T = 0$ 为标准温度，而 $S_0 = 0$ 或更一般地，用公式

$$S = \int_0^T C_x \frac{dT}{T}$$

来计算熵的绝对值（其中 C_x 为热容）。

这样，有了第二定律，再加上第三定律，方始将熵的定义问题完全解决。

舞台背后——导向量子世界

热力学第三定律表述清楚，容易记忆。更加重要的是能置身于这一定律的背后，将潜伏隐藏的含意揭示出来。

能斯脱是一位杰出的物理化学家。在 19 世纪末叶，物理化学家面临的重大挑战，在于从理论上预测化学反应应该如何进行。在第二章中已经论述过，热力学的平衡条件可以归结为系统的自由能趋于极小。但自由能的表达式

$$F = U - TS \text{ 或 } G = U - TS + pV$$

中包含了熵，只能求出相对值，无法定义出其绝对值，因而无法实际用来预测化学反应。早在 19 世纪中叶，法国著名化学家贝特劳（M.P.E.Berthelot）就提出单纯用内能来估计化学反应的方向，也得出相当不错的结果，但不能在所有情况下都对。这就导致能斯脱推测出，在常温下熵的贡献并不大，即自由能与内能的差别不大。外推到绝对零度，熵就应等于零。这样就有可能根据热力学参量的数据，从理论上计算化学反应如何进行。于是，热力学第三定律在理论化学中具有的重大价值，很快就得到了证实，一下子改变了整个化学工业的面貌。

另一方面，能斯脱也是一位伟大的物理学家，按照经典的分子动力论，气体分子的平动动能或晶格振动的平均能量是和绝对温度成正比的。据此外推，在绝对零度，气体分子运动的动能或晶格振动的能量都将趋于零。但是第三定律的结论，却完全不同：当 $T \to 0$ 时，不是能量趋于零，而是熵趋于零；换言之，零点熵等于零，而零点能却不为零。这一结果颇出人意料之外。因为热力学定律是普适的基本规律，而经典的分子动力论以及与之密切相关的经典统计物理却不能与第三定律吻合，这就面临了危机，需要重新改造。而且按照第三定律，在 $T \to 0$ 时，不仅是熵趋于零，比热（$\partial U / \partial T$）$_V$、热膨胀系数（$\partial V / \partial T$）$_p$ 等也都应趋于零。经典的比热理论是建立在能量均分原理的基础上的，能量是平均分摊给每一个自由度。对于单原子分子的气体，只有三个运动的自由度，每一自由度具有（1/2）kT 的能量，因此摩尔比热就等于（3/2）R，约等于 12J／K。对于固体原子振动有 3 个运动的自由度和 3 个势能的自由度。因而杜隆-珀蒂（Dulong-Petit）定律给出固体的摩尔比热等于（6/2）R，约等于

24J／K。杜隆-珀蒂定律是 1820 年就已经发现的有关固体比热的经验规律。1875 年，韦伯（W.F.Weber）测量了由碳组成的金刚石和石墨的比热，他发现在定温下的测量值远低于杜隆-珀蒂定律所预期的值，其中金刚石偏离更大。测量延伸到高温区域时，他首先发现石墨，然后是金刚石，才出现比热为24J／K。后来杜瓦在低温下测量固体的比热，所得结果要比杜隆-珀蒂值小得多。这些结果结合热力学第三定律，可以得出固体中能量与温度的曲线，如图 8.2 所示。在高温区域，是一条斜率为恒定值的直线，这是杜隆-珀蒂定律为代表的经典理论所预期的。但在低温，曲线斜率逐渐降低到 $T=0$，与水平线相切。这样，当 $T=0$，并不像经典理论预期的那样，能量将降为零，而是趋于一有限值，这就是零点能。

图 8.1 能斯脱（1864～1941）

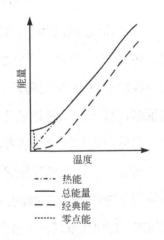

图 8.2 能量与温度的关系，
显示了和经典理论的偏离

零点能的存在也反应在氦的汽化热上，它比特劳顿（F.T.Trouton）定律所预期的要小得多；而且一直到 $T \to 0$，氦仍然保持液态，表明其零点能超过了其内聚能，只有外加 26 个大气压才能使液氦凝固。

这些问题只有在量子论和量子力学的基础上，方能充分理解。可以毫不夸张地说，第三定律架设了从经典理论通向量子理论的桥梁。

第三定律要求，当 $T \to 0$ 时，物质的熵也趋于零，低温意味着低熵，即物质的充分有序化。这种从高温无序相到低温有序相的转变，可以用多种形式来实现。

我们在第四章中已经讨论过合金和自旋的有序无序相变。所涉及的位置序或取向序的有序化现象的基本物理图像是经典的，虽则决定序的相互作用往往需要从量子力学上来理解。有序化现象还可以拓宽到反映动量序或波序的超导性和超流性，其物理图像就更加微妙，通常只能在低温下被观测到，也只有在量子力学和量子统计的基础上方能得到理解，这些问题将在以后予以讨论。

"芝麻开门"——量子论的诞生

"山雨欲来风满楼"，用来形容 19 世纪末物理学的形势十分贴切。1900 年，开尔文在巴尔的摩作报告时就意识到笼罩在热和光的动力理论上的 19 世纪乌云。他所说的乌云有两朵，一朵是以太理论的困难，另一朵就是能量均分原理的困难。前者导致了相对论的诞生；而量子论则发轫于后者。

当时，实验上已经测量出有关黑体辐射强度的频率分布与温度依赖关系的规律，它和辐射体的材料无关，因而是一个具有普遍意义的问题。但用传统理论来解释，却遇到了困难。瑞利与金斯（J.Jeans）应用体现能量均分原理的经典统计理论导出的公式，只在低频部分与实验结果吻合，在高频部分的失败被称为"紫外灾难"；维恩（W.Wien）用半经验方法导出了另一公式，却只在高频部分与实验相符，两者都不能全面地解决问题。普朗克为了探讨不可逆性的电磁理论基础而研究了黑体辐射问题，到 1900 年，推导出完全能吻合实验结果的经验公式，但对它进行理论解释却遇到了困难。在走投无路的情况下，最终于 1901 年提出了一个极其大胆的假设，即谐振子的能量释放或吸收是以不连续的量子形式出现，才获得了成功。按照这一假设，释放或吸收的能量都是 $h\nu$ 的整倍数，这里 ν 为振子的频率，h 为一普适常数，后被称为普朗克常数（$h = 6.626 \times 10^{-34} \mathrm{J \cdot s}$）。

应该说，普朗克提出量子论是带有一些逼上梁山的味道。他本人对于这一离经叛道的大胆假设并不惬意，后来还千方百计想用更加传统的理论来推导公式，都徒劳无功。这从反面肯定了他原先的量子假设。但年轻的爱因斯坦，其看法就截然不同。能量量子化的概念一进入爱因斯坦的脑海，便迸发出火花，使他意识到这是解决物理学疑难问题的一把新钥匙。1905 年，他首先引入光子的概念，对于光电效应做出了漂亮而深刻的解释；随后他就将注意力转向固体比热问题。他敏锐地察觉经典比热理论的支柱——能量均分原理是与能量量子化不相容的。他设想固体中振动的原子是相互独立的，都具有特征频率 ν_0。当物质被加热时，能量的吸收仅可以 $h\nu_0$ 的整倍数来进行；当温度足够高时，所有的原子均处于强烈振动的状态。每个原子振动能为 $h\nu_0$ 的好多倍时，将不难均分到所有的自由度。但在低温下，当每个原子的振动能仅为 $h\nu_0$ 时，那么就无法均分到各个自由度上去，虽则每一自由度尚有接受 $h\nu_0$ 的一定概率。这样，就可以理解，为什么固体比热在高温时接近于经典值，而随温度的下降将逐渐减小；最后当 $T \to 0$，比热也趋于零。爱因斯坦的比热理论成功地解释了不同物质比热随温度变化的趋势，见图 8.3。结果将比热对 $kT / h\nu_0$ 作图，将可以得到一条普适性的比热曲线，当 $kT / h\nu_0 \gg 1$，就和经典值相吻合，它与经典值（一条水平线）之间的面积，正好等于零点能（它不参与热交换）。所谓低温区域，就是零点能效应明显的区域，对应 $kT / h\nu_0 < 1$ 的区域，见图 8.4。

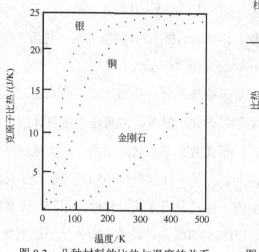

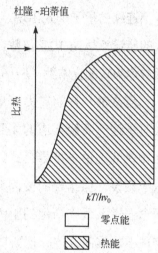

图 8.3　几种材料的比热与温度的关系　　图 8.4　普适性的比热曲线

　　爱因斯坦的比热理论提出之后，能斯脱就组织力量对多种物质低温下的比热进行了测量，对理论进行了验证。当然，爱因斯坦理论中独立振子的假设并不完全符合晶体中的实际情况，后来德拜等考虑晶格中原子耦合效应提出了更加精确的比热公式。

　　关于零点能的来源，爱因斯坦同意普朗克的猜测，认为它等于谐振子基态的能量，即 $hv_0 / 2$，它是 hv_0 的分数倍，因而不能参与热交换。

　　到 20 世纪中叶，量子力学建立以后，零点能的存在才得到了更加根本的解释。粒子和波的二象性：动量 p 与波长 λ 满足

$$p = \frac{h}{\lambda}$$

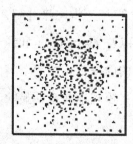

图 8.5　不确定关系

得到了认可，按照海森堡提出的不确定关系，表明位置坐标的不确定度 Δx，与动量的不确定度 Δp_x 应满足

$$\Delta p_x \cdot \Delta x \geqslant h$$

　　如果我们将某一粒子限制在尺寸为 l 的立方盒子中，如图 8.5 所示，此时粒子位置的不

确定性为 l，对应的动量不确定性约为

$$mv \sim \frac{h}{l}$$

若将两边平方，并同时乘上 1/2 除以 m 就得到

$$\frac{1}{2}mv^2 \sim \frac{1}{2}\frac{h^2}{ml^2}$$

这就对应于不能释放出来的零点能。

改弦易辙——量子统计

服从量子力学规律的微观粒子具有波粒二象性，在运动中要服从不确定关系，无法同时精确地测定它的位置和动量，我们只能指出它在某一状态间隔中出现的概率。所以由相同粒子所构成的体系之中，就不可能确切地辨识这个或那个粒子。这样，具有相同物理和化学性质的同种微观粒子，原则上是不可区分的。若在不同的量子态上互换两个粒子，就不会产生新的微观状态。这样就造成量子粒子与经典粒子在统计规律上判然有别。诚然，对于量子粒子系统，$S = \log_e W$ 的关系式仍旧成立，就使得量子统计与经典统计的差异归结为对 W 值的不同计算方法了。

从一个具体例子可以阐明粒子的不可区分性对于粒子的微观状态数的影响。例如，将两个粒子分配到三个盒子里面。如粒子是经典的，可分别标以ⓐ，ⓑ来区分，其总的微观状态数为 9；若粒子是不可区分的，微观状态数就只有 6；如果进一步限制每个盒内只能放一个粒子，那么微观状态数就等于 3，见图 8.6。

下面来讨论将 N_i 个球分配到 C 个盒子里去的问题。

1. 如果球是可区分的，每一个球都有 C 种选择可能性，因而分配的不同方式就等于 C^{N_i}，这就是麦克斯韦-玻耳兹曼统计的微观状态数

$$W_{MB} = C^{N_i}$$

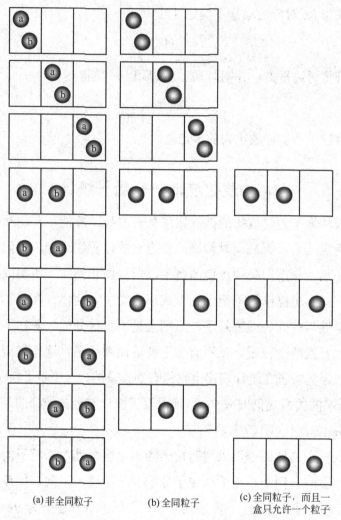

(a)非全同粒子　　　　(b)全同粒子　　　　(c)全同粒子，而且一
　　　　　　　　　　　　　　　　　　　　　　　盒只允许一个粒子

图 8.6　将两个粒子分配到三个盒子之中的不同方案

2. 若球是不可区分的，而且每个盒子容纳的球数不受限制。在这种情况下，可将盒子的隔板视为另一种颜色的小球（黑球）进行排列。白球有 N_i 个，隔板（黑球）有 $C-1$ 个（C 个盒子两端固定）。两种球混合排列的方式总共有 $(N_i+C-1)!$ 种。但白球与黑球分别是不可区分的，故应除 $N_i!(C-1)!$；这样，玻色-爱因斯坦统计的微观状态数就等于

$$W_{BF} = \frac{(N_i + C - 1)!}{N_i!(C-1)!}$$

3. 若球是不可区分的，而且每个盒子最多只能容纳一个球。在这种情形，必然是 $C > N_i$，当球分完之后，相当于将 C 个盒子分为两组，其中 N_i 个盒子有球，（$C - N_i$）个盒子中无球，这就是费米-狄拉克统计，其微观状态数就为

$$W_{FD} = \frac{C!}{N_i(C-N_i)!}$$

在科学史上，W_{BS} 的表示式最早出现于普朗克对黑体辐射公式的推导。他将不同的能量量子（球）分配到许多谐振子（盒子）之中。

1924 年，一位默默无闻的印度科学家玻色（S.N.Bose）在投稿多次被拒之后，写信给大名鼎鼎的爱因斯坦，叙述了他采用一种新统计方法来推导普朗克的黑体辐射公式。爱因斯坦敏锐地感觉到这是一项创新的工作，亲自将论文从英语翻译成德语，并立即向杂志推荐发表。创新之点在于将黑体中的电磁波视为全同的粒子（即光子）的集合。爱因斯坦并且认为这种统计不仅对于光子有效，还可以推广到具有质量的其他粒子中去。因此这种统计就被称为玻色-爱因斯坦统计。而在 1926 年，两位青年科学家费米（F.Fermi）与狄拉克（P.A.C.Dirac）考虑了遵循泡利不相容原理的粒子系统，不约而同地提出了费米-狄拉克统计，首先成功地应用于金属中的自由电子，阐明了为何自由电子对比热的贡献比经典理论要小得多的原因。

在不同能级 ε_i 上，量子统计和经典统计的粒子数分布与温度的关系也不一样，下面分别列出，以资对照

$$N_i = \frac{C}{e^{(\varepsilon_i - \varepsilon_m)/kT + \delta}} \begin{cases} \delta = 0 \cdots 玻耳兹曼统计 \\ \delta = -1 \cdots 玻色统计 \\ \delta = +1 \cdots 费米统计 \end{cases}$$

经典统计认为粒子是可以区分的，故在同一能量 ε_i 的相体积元中，N_i 个粒子可以由相互交换有 $N_i!$ 个不同的微观态；但量子统计中粒子

是无以区分的，对应于 N_i 个粒子就只有一个微观态。我们就称这种状态为 $N_i!$ 重简并态。所以，量子统计所研究的对象被称为简并气体。

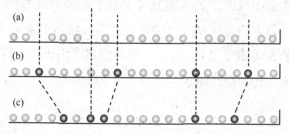

图 8.7　不可区分的小球分配问题（将隔板当作黑球）

现在让我们来考虑在一个大体积 V 中，有大数量（N）的粒子自由而独立地运动，按照经典统计，能量为 E 的粒子数等于

$$n(E) = 常数 \times e^{-E/kT}(=常数 \times e^{-mv^2/2kT})$$

画出来就是图 8.8（a）。如果考虑能级是量子化的，但粒子的分布仍按经典统计来计算。那么，处于能量为 E_i 能级上的粒子数为

$$n_i = 常数 \times e^{-E_i/kT}$$

和上式并没有明显的差异。对于不可区分的粒子，结果就完全不同。费米统计遵循泡利不相容原理，每一能态只容许有一个粒子，因此，在 $T=0$，系统将处于能量最低状态，因而最低的 N 个能态被占，其

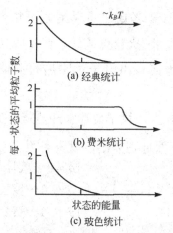

图 8.8　三种统计中状态的粒子数随能量的分布

中的最高能态为 E_f（称为费米能），当温度不等于零，若 $kT \ll E_f$，那么在部分低于 E_f 能态出现空缺，而高于 E_f 的若干能态部分被占，见图 8.8（b）。至于玻色统计，每一能态粒子数可大于 1，将如图 8.8（c）所示。在低能区域 n_i 将大于经典统计的值。在 T 很大时，费米分布和玻色分布将和玻耳兹曼分布接近。

从历史上来看，能斯脱提出第三定律远在量子统计诞生之前。当时，他就坚持第三定律作为一条热力学的基本规律，应该不仅对凝聚态适用，对气体也应适用，提出气体简并性的理论。然而，这一点并不为他的同事和学生所理解，因为所有的气体在达到绝对零度之前，都已经凝结成液体或固体。现在我们知道确实存在有简并性的气体，或服从量子统计的气体，因而能斯脱的坚持并不是多余的，而是有其重要物理意义的。反过来，如果我们承认了量子统计的正确性，在 $T = 0$ 时，任何系统都应处于其最可能低的能态，即基态，其微观状态数只能等于 1，因而熵必然等于零。这表明热力学第三定律无非是量子统计必然的推论。

理想成真——量子气体的凝聚

按照量子力学，粒子具二象性：既具有微粒的特征，又具有波的特征。但在一定条件下，其波动性可能隐匿起来。可以采用简化的经典物理的观点，将它看作是一个小球来处理；反过来，若其波动性明显呈现，那么就必须采用量子力学来处理问题。我们不妨用光学的例子来予以说明。设想将一波长为 λ 的平行光束射向屏幕上开有直径为 a 的圆孔。假如 $\lambda \ll a$，波将沿直线通过该孔与小球射出的轨迹相似；但若 $\lambda \geqslant a$，平行光束将沿小孔散开来，演示了光的衍射（参看图 8.9）。

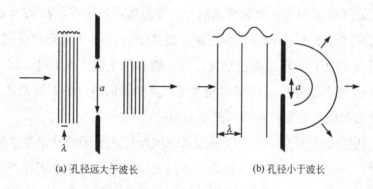

(a) 孔径远大于波长　　　　(b) 孔径小于波长

图 8.9　平行波束经过圆孔的传播

由此可见，没有质量的光波，当不受尺度与波长相近似的障碍或孔缝的干扰时，其行为与微粒十分相似，这也是导致牛顿提出光的微粒说的经验依据。具有质量的实物粒子，如原子与电子，情况完全类似。

上节已经谈到，在高温，两种量子统计都类同于经典的玻耳兹曼统计；而在零温，则存在明显的差别。接下来的问题就在于如何来估算高温与低温之间的界限，以及系统是如何演变过来的。

下面我们就将上述的道理作一简化的定量处理。

按照德布罗意关系 $\lambda = h/mv$，如果粒子间的平均间距 $a \leqslant \lambda$ 时，就应该明确地表现出其波动特征。按照能量均分定律，其动能

$$\frac{1}{2}mv^2 = \frac{3}{2}kT$$

那么温度应满足条件

$$T \leqslant \frac{h^2}{3mka^2} \equiv T_0$$

这里的 a 与粒子密度有关，在固体或液体中，a 约为 0.2～0.3nm，而在气体中其值要大得多。T_0 被称为简并温度，在低于简并温度 T_0 的温区内，才需要考虑粒子的量子力学特征。

粒子的质量是和 T_0 成反比的，对于电子，m 约为 10^{-30}kg，T_0 约为 10^4K，因此在固体或液体中的电子，通常总能满足简并条件。对

于原子，m 约为 $A \times 1.6 \times 10^{-27}$ kg（A 为原子序数），在固体或液体中的原子 $T_0 \approx 50/A$，即只有在低温下才能满足简并条件；而气体中的原子由于 a 值较大，估算出来的 T_0 低到 μK 的量级；至于光子，其 λ 不受温度的影响，任意温度下都需要考虑其波动特征，也可以说 T_0 等于无穷大。

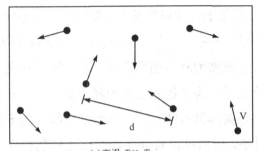

(a)高温 $T \gg T_0$

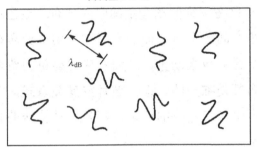

(b)低温 $T \sim T_0$

图 8.10　说明量子简并温度的示意图

　　量子统计的不可区分性，要求粒子可以随便地交换位置，因而局域化的粒子，例如固体中原子是固定在格位附近，由于粒子所处的环境是可以辨识的，粒子本身的不可区分性也就体现不出来了。所以量子统计的适用物质应当是流体，即气体或液体。而质量数 A 愈小，量子特征也就愈明显。而氢原子虽然质量最小，但容易结合成氢分子 H_2，在低温下也凝固成固体。剩下的就是氦原子，故氦的同位素，^4He 与 ^3He，就成为量子液体的首选。

　　至于粒子究竟是费米型的，还是玻色型的，就取决于组成粒子的自旋的总和是整数还是半整数。我们知道，原子是一定数量的核子（质子和中子的总和）以及外围的电子所构成的。单个的核子或电子的自旋均为 1/2。因此若原子的核子数加电子数的总和是奇数，是费米子；若是偶数，则是玻色子。据此可知，氦有 2 个电子，同位素 ^{3}He 有 3 个质子，1 个中子，因而是费米子；而同位素 ^{4}He 多 1 个中子，则是玻色子。

在 $T=0$，玻色子气体与费米子气体出现完全不同的情况：为了尽可能降低能量，玻色子将全部占据 $E=0$ 的能级（即基态）；而费米子则不然。它遵循泡利不相容原理，每一能态只能有一对正负自旋的费米子所占据，为了达到能量的极小条件，一对对电子只能循级而占，直到最高的被占能级——即费米能级。由于粒子数甚大，能级的台阶甚小，因而可以看成为能级作连续的分布。如果考虑在 T_0 情况下粒子群在三维的动量空间中的分布：玻色粒子群集在一点，即在动量空间的零点；而费米子则均匀地分布在一个球面之内，球面的半径为费米动量，球面对应的能量为费米能。但这两种类型的分布都是唯一的，根据玻耳兹曼关系式，它们的熵都为零。符合热力学第三定律的要求，都是一种特殊的有序相，具有动量序或波序。

对于费米气体，在 T_0 附近量子简并态的出现，是通过缓变的过程逐步实现的，并不存在一个明确的相变温度。而玻色气体则不然，存在一个非常明确的临界温度 T_c，当降温到 T_c，将有宏观数目的粒子占据了能量为零的基态。通过更加正确的计算，可以求得

$$T_c = \frac{h^2}{2\pi km}\left(\frac{n}{2.612}\right)^{\frac{2}{3}}$$

这里的 n 为粒子数的密度。

玻色-爱因斯坦凝聚的理论是爱因斯坦在 1925 年提出的，应该强调一下，这里采用凝聚这一名词是带有类比性的说法：通常的气体凝聚成液体，是在位置空间中的凝聚，凝聚体与未凝聚的气体之间有明确的界面；而这里所说的玻色气体的凝聚则是在动量空间中

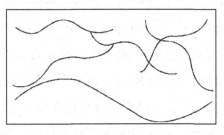

（a）$T = T_c$，宏观波函数的出现

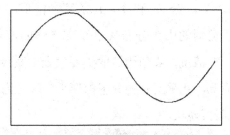

（b）$T = 0$，只剩下宏观波函数

图 8.11　说明玻色-爱因斯坦凝聚的示意图

的凝聚，凝聚体与气体之间并无明确的界面，在位置空间中是混杂在一起的。这一理论描述的是理想玻色气体的行为。但自然界不存在理想气体，最近似的是由中性原子构成的稀薄气体，虽则原子间还存在微弱的相互作用力，估计影响不大。但是在常态中冷却到低温，气体都凝结为液体或固体，只有到 1985 年激光致冷技术发展之后，在稀薄气体中实现玻色-爱因斯坦凝聚方始存在了可能性，从而成为许多科学家奋斗的目标。这场竞赛的冠军为美国科罗拉多大学与国家标准局的康乃耳（E.Cornell）与惠曼（C.Wieman）研究组所摘取。他们采用激光致冷再加蒸发致冷消除动能较高的原子，使处于磁阱中的铷 ^{87}Rb 的稀薄原子气体，冷凝到 $0.5 \sim 2 \mu k$ 的量级，首先实现了玻色-爱因斯坦凝聚。随后在 ^{23}Na，^{7}Li，^{1}H 等一系列稀薄原子气体中实现了这一凝聚。值得注意的是，最初为人们看好自旋极化的 ^{1}H 原子气体，由于质量最轻，因而相变温度 T_c 最高。但事与愿违，摘取桂冠的竟是相当重的原子 ^{87}Rb。原因是氢的光谱线结构不

如碱金属的丰富，激光致冷的效果较差，从而导致在竞争中失利。开特莱（W.Ketterle）在钠 ^{23}Na 原子气体中做出了突出的工作，并导出了等同的钠原子组成的相干原子束，被称为原子激射束，和激光束有类同之处。因而，康乃耳、惠曼和开特莱三人共同获得了 2001 年的诺贝尔物理奖。实验的结果可以用图 8.12 所显示的在 T_c 温度上下的原子速度分布来表示（高度表示粒子数）。图中从左到右三个峰，分别表示 $T > T_c$，$T \sim T_c$ 和 $T < T_c$ 的三种情形。左侧的峰表示了 T_c 以上的情况，宽阔的山头分布代表正常气体的玻耳兹曼分布；中间表示恰好低于 T_c 情况，零值附近的尖峰代表了凝聚体部分；右侧是远在 T_c 以下的情况，几乎所有的分子都聚于尖峰之内，这样就非常直观地显示了玻色凝聚现象。

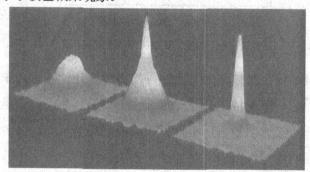

图 8.12　磁阱中稀薄气体在玻色-爱因斯坦凝聚前后两维原子速度分布图

世纪疑谜——超导性与超流性

在温度下降，熵向零趋近的道路上，发现了一系列奇妙的、富有戏剧性的物理现象，如超导性与超流性，引起了科学界的广泛关注。由之而生的新现象更是层出不穷，称之为世纪疑谜，并不为过。

早在 1911 年，首先使氦液化的昂内斯研究金属的电阻率随温度降低而产生的变化，观测到正常金属电阻率随温度下降而减小，最后趋于剩余电阻率，其数值取决于试样中的杂质浓度。但他在研究水银电阻率时，却发现了在液氦温度处，电阻率突然降为零，即电阻完全丧失，见图 8.13。这一现象被称为超导电性。后来又在其他的金属（如铅等）中发现了类似现象，虽则其转变的临界温度 T_c 之值各不相同。他还将一铅环降温到 T_c 以下，在其中用磁感应诱发电流，演示可持续几个星期而不衰减，据此可以估计出电阻率值不大于 $10^{-25}\,\Omega\cdot cm$，和室温下铜的电阻率 $1.6\times10^{-6}\,\Omega\cdot cm$ 相对比，反映了超导体具有"零"电阻的特征。

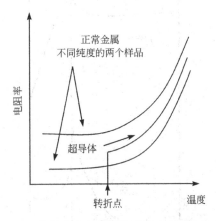

图 8.13　正常导体和超导体的电阻率随温度的变化

电阻为零仅是超导电性的一个特征。超导电性之另一主要特征是迈斯纳（W.Meissner）在 1935 年发现的。即，超导电体也是完全的抗磁体，在其内部 $B=0$。如果在磁场作用下，物体降温进入超导态，那么所有的磁通线均要被排出。

1935 年，伦敦兄弟（F.and.H.London）据迈斯纳效应提出描述超导体电动力学性质的伦敦方程，并认为超导体呈现了动量空间的长程序这一有预见性的观点。

1932 年，荷兰科学家开索姆（W.H.Keesom）等发现，^{4}He 的比热曲线在 2.2K 处出现 λ 形状的峰，它也和 ^{4}He 的最大值相对应，见图 8.14。这意味着氦的物性在这一温度发生了根本性的变化。但究竟是什么性质在变化，当时还不能肯定。X 射线衍射结果表明 T_λ 的上下均为液态。他们就称 T_λ 以上的液氦为 He I，在 T_λ 以下的液氦为 He II。1936 年英国的爱仑（J.Allen）与前苏联的卡皮查对于 He II 的物性进行了深入的研究，发现 He II 的特征在于液体的黏滞性丧失殆尽，从而呈现许多令人惊讶不止的奇妙性质。例如，如果将 He II 盛在开口烧杯之中，可以沿烧杯内壁形成液膜，爬行到外壁，终于可将烧杯中所盛 He II 完全流尽；又如 He II 可以无阻尼地通过毛细管道流动。这一现象被卡皮查称为超流动性。

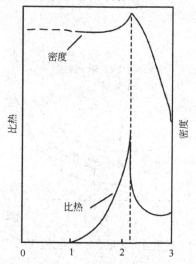

图 8.14　超流转变中比热与密度随温度的变化

图 8.15　超流动性

^{4}He 是玻色子，因而遵循玻色-爱因斯坦统计，可以容许许多粒子占据同一量子态。在 1938 年伦敦就将超流态出现的物理原因归结为 ^{4}He 原子的玻色凝聚。T_λ 对应于发生玻色凝聚的温度，即当 $T = T_\lambda$，宏观上一部分 ^{4}He 原子凝聚在动量为零的能态（基态）成为超流体。伦敦根据理想气体的凝聚理论来估算 T_c 为 3.1K，和 T_λ 的值相差不大，考虑到氦原子之间有强的相互作用，因而和理想气体的理论结果存在一些差异也非常合理。而且随着温度的下降，基态上的超流体的成分增大，一直到 $T = 0$，100%粒子都进入超流体。超流态即对应于动量为零的基态宏观地被占有。在玻色凝聚后的原子系统，所有的原子仿佛连锁在一起，具有相同的能态和动量，其行为宛如一个硕大无朋的原子，因此它就和通常流体完全不同，呈现出奇妙无比的超流动性。在量子力学中是用波函数 $\psi = |\psi|\exp(i\theta)$ 来描述单个粒子的状态，超流体既然对应于一个宏观的大原子，就可以引入一个宏观波函数 $\psi = \sqrt{\rho}\exp(i\theta)$ 来描述其状态。这里 ρ 相当于超流体的密度，θ 为其相位，在整体内具有相同的 θ 值，体现了相位的相干性。考虑处于环状通道中的超流体，处处的动量应具有完全相同的值，即 $\boldsymbol{p}_s$，沿环路的回路积分就等于

$$\oint \boldsymbol{p}_s \cdot \mathrm{d}\boldsymbol{l} = nh$$

这里的 $n = 0$，± 1，± 2，$\cdots$ 整数。这一条件与玻尔用来描述氢原子的容许轨道的条件完全一样。玻尔的量子化条件，可以根据电子波动性质和动量与波长的德布罗意关系式 $p = h/\lambda$ 来导出。在超流体的情况，满足这一条件，就相当于沿积分回路有整数的波长，因而说明了超流序也是一种量子系统的波序，见图 8.16。实验也证实了超流体的环流量子化。根据环流的量子化也可以对超流体作持续流动这一现象提供直观的理论解释。如果超流体的动量为某一不等于零的值，要改变其动量十分不易，因为所有原子的动量均需要作等量的量子跃迁。

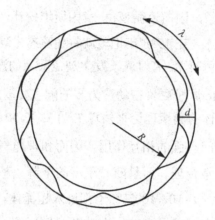

图 8.16　量子流体中的波序

伦敦（F.London）于其 1950 年的专著《超流体》中，首次明确指出超导电性与超流性的物理根源是相似的，都是宏观量子现象的体现。也在 1950 年，金兹堡（V.I.Ginzburg）与朗道提出具有普适性的唯象超导理论，能够全面描述超导体的热力学性质与电磁性质，不论是均匀的，还是非均匀的。这一理论的关键在于引入一个类似于宏观波函数的序参量，与伦敦的考虑不谋而合。

电子是费米子，这也是固体电子论的基本出发点。如何给出超导电性的微观图像，困扰了好几代物理学家。但为何费米子的系统也会出现宏观波函数，类似于玻色凝聚体呢？这就迫使科学家考虑电子可能通过配对成为准玻色子。最初有一位化学家提出电子配对像原子配对形成分子。这一设想从理论上说不通，强烈的库仑斥力会将它们拆散。一直到 1956 年库珀（L.Cooper）提出了正确的配对图像，即在动量空间中，费米面上一对自旋相反、动量相反的电子配对。这种配对可以形象地比拟为一场奇异的交谊舞会。一对对舞伴，并不像通常那样，相互依偎，而是分处在人群之中，遥相呼应：音乐声中，翩翩起舞，此进彼退，中规中矩。1957 年美国伊利诺大学的三位科学家巴丁（J.Bardeen）、库珀与施里弗（J.Schrieffer）提出的 BCS 理论，配对的媒介是电子与晶格振动相互作用，导致了在动量空间的长程有序。这样就成功地从微观上解释了超导现象。困扰科学家多年的疑谜，遂告破译，有人比之为攀登上了凝聚态物理学的珠穆朗玛峰。接下来就是多方面考验其正确性，这里仅举一例：和超流体的环流量子化相似，超导态的环状导体存在磁通量子化的现象

$$\oint \boldsymbol{p}_s \cdot dl = \frac{e^*}{c} \Phi = nh$$

这里 e^* 为有效电荷，按照电子配对理论，应是电子电荷 e 的两倍。这就导出超导电流引起的磁通应是量子磁通 $\Phi_0 = hc/2e$ 的整倍数，见图8.17。实测出量子磁通的数值正好证实了电子配对的设想。在这里，我们也可以很好地理解，为什么超流体和超导体的环状通路里会产生持续电流的现象。因为涉及的不是单个原子或单个电子运动的问题，这涉及环流或量子磁通的跃变，涉及的能量变化将远远超过低温下 kT 的量级。因而持续流动现象十分稳定，不易衰减。

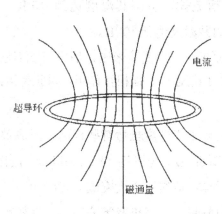

图 8.17　超导体环路中的磁通量子化

也在 1957 年，阿布里柯索夫（A.A.Abrikosov）引入磁通列阵的概念，成功解释了迈斯纳效应不完全的超导体（即Ⅱ类超导体）中磁学性质。20 世纪 60 年代初，科学家发现了高临界电流的超导体，可以用作为产生强磁场而能耗甚低的线圈，打开了超导在强电领域中应用的局面。目前医用的核磁成像仪中都应用了超导线管来产生

强磁场。1962 年，约瑟夫逊（B.Josephson）发现了配对电子通过绝缘薄层的隧道效应，又开辟了超导电子学这一新领域。但由于传统的超导体需要在液氦条件下工作这一苛刻条件，阻碍了其广泛的使用。

^{3}He 原子也是费米子，是否也可以通过原子配对的方式来实现超流态呢？经过多年探索，1972 年美国康奈尔大学的沃谢罗夫（D.D.Osheroff）、理查森（R.C.Richardson）与李（D.M.Lee）在 2mk 的极低温条件下发现了 ^{3}He 超流态。两个 ^{3}He 配对成为玻色子。但与常规超导电子配对有显著差异：原子对的总角动量不为零，因而是各向异性的超流体（^{4}He 超流体是各向同性的），而且存在有几种不同的超流相。莱格特（A.Leggett）对此作了理论解释。还应该强调一下 ^{3}He 超流态不仅是极低温实验室的珍品，还具有普遍意义的一面。天体物理学家将快速旋转的脉冲星认定为中子星，其内部的中子物质可能是超流体，虽则其温度达到 10^8K，但特高的密度 10^{17}kg/m^3 可使其简并温度达到 10^{11}K。

中子和 ^{3}He 原子一样也是费米子，而中子配对的机制和 ^{3}He 原子配对相似。但由于配对基于强相互作用，因此超流态的 $T_\lambda \sim 10^{10}$K 相应地非常高。

多年来，超导体临界温度虽然有些提高，但成效不大。1986 年春，柏诺兹（J.G.Bednorz）与谬勒（K.A.Miiler）制出临界温度超过 30K 的氧化物超导体，取得了重大突破。1987 年 2 月美国的华裔学者朱经武等和中科院物理所赵忠贤等分别独立地发现了 T_c 超过液氮温度的氧化物超导体，引起全世界范围内的超导研究热潮。目前，氧化物超导体的 T_c 记录为 133K（常压下）及 164K（高压下）。氧化物超导体的临界电流值也能达到应用的要求。当高 T_c 超导体刚被发现之际，科学界对它的实用价值作了过高的估计，一直未能兑现，不免令人失望。但从目前情况来看，适度的应用还是可能实现的。高温超导虽然也一定是电子配对在起作用，但具体的配对机制尚有待于阐明。按照 BCS 理论，晶格上离子愈轻，T_c 就愈高，因而理论估计如能形成金属氢，晶格由质子构成，其 T_c 将高达 250K。科学家已在高温和动态高压下观测到了液态的金属氢。但是否能制出高于 T_c 的固态金属氢，还有待高压物理学家的进一步努力。在 20 世纪 80 年代之后，一系列非常规超导体，诸如重电子金属、有机物、掺杂富勒烯和一些金属间化合物进入研究者的视野，还发现了许多饶有兴趣的物理问题，例如超导态的非常规配对问题、超导态与反铁磁态和铁磁态关联与共存的问题等。在 2000 年，日本科学家发现了金属间化合物 MgB_2 超导体，其 T_c 达到 39K，可能具有实用价值。值得注意，稀薄气体的玻色凝聚体具有超流性也得到了演示。随后一些费米子组成的稀薄气体也曾被冷却到其简并温度之下。2004 年，科学家进而观测到钾 ^{40}K 稀薄气体在极低温下可以通过分子配对方式进入超流态。这些事例表明这一领域虽已有 19 位科学家获得了诺贝尔奖（见表 8.1），仍然富有挑战性，可能还留有几项桂冠尚待摘取。

表 8.1　在超导体、超流体与玻色凝聚体领域中诺贝尔奖获得者一览表

年份	获奖科学家	卓越成就
1913	昂内斯	氦的液化和金属超导性的发现
1962	朗道	凝聚态理论，特别是有关超流的理论
1972	巴丁、库珀、施里弗	超导微观理论
1973	贾埃佛、约瑟夫逊	超导隧道效应
1978	卡皮查	发现 ^4He 超流
1987	柏诺兹、谬勒	发现高温超导体
1996	李、沃谢罗夫、理查森	发现 ^3He 超流态
2001	康乃耳、惠曼、开特莱	实现了稀薄气体的玻色-爱因斯坦凝聚
2003	阿布里柯索夫 金兹堡 莱格特	II 类超导体的磁通列阵 超导的宏观理论 ^3He 超流的微观理论

空中楼阁——负温度

在日常生活中，一经提起零下的温度，人们就会想起凛冽寒风的冰雪世界。这是由于通用的摄氏温度的零点和水的冰点吻合。自从开尔文把温度的概念从温度计的限制中解放出来，将绝对温度建立在纯热力学基础上以来，就只考虑 $T > 0$，况且，第三定律又表明 $T = 0$ 尚达不到，更无论 $T < 0$ 了。于是乎，负温度似已杳如黄鹤，了无踪影。

然而，要求温度必须取正值的理由何在呢？们不妨来看一下简单的二能级系统。存在有 ε_1 与 ε_2 两个能级（设 $\varepsilon_1 < \varepsilon_2$），在这两个能级上的粒子数分别为 N_1 与 N_2，见图 8.18。

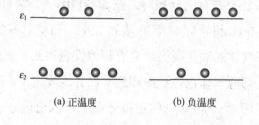

ε_1 —— ———— ——— ————

ε_2 —————— ————

(a) 正温度 　　　　　　　(b) 负温度

图 8.18 两个能级上粒子数分布

在热平衡态，两个能级上分布的粒子数应满足玻耳兹曼分布律

$$N_2 = N_1 e^{-(\varepsilon_2 - \varepsilon_1)/kT}$$

随着温度的上升，N_2 逐步加大，系统的内能和熵均随之增加。直到 $T = +\infty$，$N_1 = N_2$，系统的熵达到极大值。从 $T = 0$ 到 $T = +\infty$ 区域内，$\partial S / \partial U$ 为正值。因而根据热力学，T 与 U，S 应满足关系式

$$\frac{1}{T} = \frac{\partial S}{\partial U}$$

如果继续将粒子抽运到高能级上，将会出现什么情况呢？此时，$N_2 > N_1$，实现了粒子数的反转。如果

$$S = k \log_e W$$

仍然有效，那么将出现随 T 的上升，内能继续增加

$$U = N_1 \varepsilon_1 + N_2 \varepsilon_2$$

而熵却减小的情形，即 $\partial S / \partial U < 0$ 的区域，对应于负温度的区域，见图 8.19。

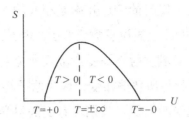

图 8.19　熵随内能变化的曲线（显示了正，负温区）

值得注意，这样定义的负温度区不处于 $T = 0$ 以下，而处于 $T = +\infty$ 之上，即比无限高温度更高。整个 $S - U$ 曲线呈钟形，曲线的斜率即为温度的倒数，T 从 $+\infty$ 跳跃到 $-\infty$，一直到所有粒子均处于高能级上，U 达到极大值，$S = 0$，$T = -0$。在负温度区出现粒子数的反转，也就是说背离了平衡态的麦克斯韦-玻耳兹曼分布。严格说来，系统已处于非平衡态。但实际物体中可能存在能级无上限的反常系统，例如由离散能级所构成的一个子系统（例如核自旋），它和晶格振动系统的耦合较弱，具有一定的独立性，在某种偏离平衡的状态，有可能观测到类似于负温度的迹象。普赛尔（E.M.Purcell）与庞德（R.V.Pound）利用核磁共振技术观测 LiF 中 ^{7}Li 核与 ^{19}Fe 核的磁化就是一例。他们先加磁场使核自旋沿场强方向顺向排列之后，突然倒转磁场方向，在瞬间观测到对应于核子数反转的负温度的现象，直到自旋-晶格互作用导致热平衡态重新建立为止。

和负温度相对应的粒子数反转，在受激发射中得到了重要的实际应用，早在 1916 年爱因斯坦就已经提出受激发射的基本理论。他分析了二能级系统中粒子跃迁产生的辐射和吸收的问题；认识到存在有三种不同的跃迁过程，一是处于高能级的粒子可能自发地跃迁到低能级，构成了通常观测到的自发发射，辐射的光子是毫无关联的；另一过程为受激吸收，粒子吸收光子跃迁到高能级上；第三种过程为受激发射，由于入射光子的刺激，高能级上粒子跃迁到低能级，产生了受激发射，这样发射的光子不再是无规的，而是与入射光子高度关联的。在爱因斯坦的理论中，处于高能级或低能级上的单个粒子受激吸收与发射的跃迁几率是相同的，那么哪一过程占上风，就取决于低高能级上的粒子数的多少。由于在热平衡态 $N_1 > N_2$，所以通常条件下，受激发射就被受激吸收所掩盖了。尽管爱因斯坦受激发射理论为科学界所普遍接受，成为原子物理中的 ABC，但能否在实验室中实现受激发射，长期没有受到科学界的重视。负温度现象在实验中被观测到不久以后，美国的汤斯（C.H.Townes）以及前苏联的普罗霍洛夫（A.H.Prokhorov）与巴索夫（N.G.Basov）相互独立地通过外加抽运，使粒子数发生反转，再用谐振腔选模，从而实现了微波的受激发射。到 1958 年汤斯与夏洛又提出在光波频段，采用两块平行平面反射镜所构成的法布里-贝洛（Fabry-Pérot）干涉仪，作为光频谐振腔的激光器的设想。1960 年梅曼（T.Maiman）制出了第一台红宝石激光器，从此不同类型的激光器纷纷问世，并得到迅速发展。由于激光单色好，方向性强，而且功率和能量高度集中于特定光子模式中，在科学技术中获得了广泛的应用。

激光的传播问题属于经典电磁波理论的范畴，宏观数的光子占据特定的能态，那就是一种和超流态相似的宏观量子效应。图 8.20 所示为半导体激光器的强度按模式的分布。

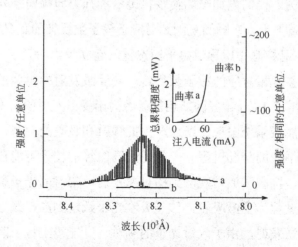

图 8.20　半导体激光器的强度按模式的分布

很有意思的是，光子气体的简并性异常突出，即使在高温也能反映出来。正是对于黑体辐射（如白炽灯的辐射）这类无序光子体系的理论研究，揭开了量子论的序幕；而另一方面，以激光为代表的高度有序的光子体系，或形象地说，由光子砌成的琼楼玉宇是依靠了子系统产生负温度区域，它的构筑依赖于非平衡的抽运过程（颇类似于第六章所述的耗散结构的形成），以及人工制备的选模装置，和通常的低温条件无关。另一方面，利用激光致冷技术使碱金属稀薄气体达到 μK 以下的低温而进入玻色-爱因斯坦凝聚的相干态，再设法引出能量和动量都一致的原子束，也被人们称为原子激光（其实不是光，只是相干的原子束，其性质和激光类似而已），确实是向零度逼近的副产品。

第九章
妖精的启示——熵与信息

在神话故事中出现许多妖魔鬼怪，那是不足为奇的，但以精确严密著称的物理学之中也出现了妖精，就有点出人意料之外了。以英国著名物理学家命名的麦克斯韦妖（Maxwell's demon）在物理科学的发展之中已经扮演了相当重要的角色，不但以鲜明的图像，澄清了热力学第二定律的一些疑团，更重要的是指出了熵与信息之间的联系，成为信息论这一门新学科的先导。而在生命科学的发展之中，麦克斯韦妖也会大有其用武之地的。

别出心裁——麦克斯韦妖

按照热力学第二定律，孤立系统中达到平衡态之后，熵为极大值，不会自发地减小。在热力学范围内，这是确切无疑的，但在统计物理学中，用吉布斯的话来说：

> 未经补偿的熵之减小的不可能性，已归结为概率极其小。

平衡态仅为概率最大的状态，可能出现涨落现象，使得温度或压力的分布和平衡态发生少量偏差，这种偏差有正有负，平均的效应为零。能否设想一个神通广大的妖精，其作用在产生定向的偏差呢？

图 9.1　麦克斯韦（1831～1879）

1867 年麦克斯韦在致友人泰特（P.G.Tait）的信中提到：

一个有限的生灵，他单凭观察就能通晓所有分子的轨
迹和速度，但除了开关一个小孔外，不能作功。

它守住容器界壁上的小孔，让快速运动的分子单向穿过小孔，导致

热的部分变得更热，冷的部分更冷。无需作功，只用
了一个敏于观察、手指灵巧的生灵所具有的智能。

这一生灵被开尔文称之为妖精。1870 年麦克斯韦致瑞利的信中再次
提到

非常机灵、具有显微眼的守门人

与第二定律的关系，其用意无非是指出

第二定律正确的程度与这一论述无异，即你若将一杯
水倒进海里，你再也取不出同样的一杯水来。

用一句中国成语来译，即"覆水难收"。到 1871 年，麦克斯韦把它
写进了《热的理论》这本教科书中（有关第二定律具有局限性的章
节），作了更加充分的阐述：

热力学所确立的最可靠的事实之一在于，一个封闭于
容积不变而且不导热的罩壁之中的系统，温度和压力处处

保持均一。如果不做功的话，不可能产生温度或压力的不均匀性，这就是热力学第二定律。如果我们只和大量的物质打交道，而无法辨识或处理组成它的个别分子，这无疑是正确的。但如果我们设想一个生灵，其官能敏锐得足以追踪每一个运动中的分子。这一生灵，虽则其本领仍然和我们一样有限，但将能做出我们所做不到的事情。因为我们已经注意到处于等温状态装满空气的器皿之中，分子运动的速度并不均一，虽则任取大量分子的平均速度是均一的。现在我们设想容器分为A，B两部分，在界壁上留一小孔，而一个能够看到单个分子的生灵开关这一小孔，只令快速的分子从A进入B，而慢速的从B进入A。这样他无需作功使B的温度升高，使A的温度降低，与热力学第二定律产生矛盾。

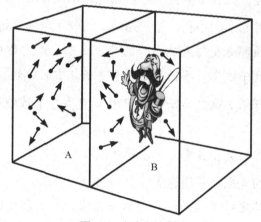

图9.2　麦克斯韦妖

应该指出，麦克斯韦提出"妖精"的本意并不在推翻第二定律，而在于指出它有局限性，并用一个假想实验来阐明，它只具有统计上的可靠性。从此，麦克斯韦妖堂而皇之地闯进物理学的殿堂，受到几代物理学家的关注，有关它的讨论持续到今天。它的内涵可能比原作者设想的更加丰富，这也生动地说明了形象思维在物理学中也有它的地位。

降妖伏魔——各显神通

麦克斯韦妖提出后不久，开尔文首先做出评论：

> 按照麦克斯韦的说法，这一妖精是有智能的生灵，具备自由意志，且触觉和观察能力高强得使它具有观察和影响物质单个分子的本领。……麦克斯韦妖与真的活动物的差异无非在于它极其小而灵巧——它不能创造或消除能量——它将少量的能量贮存起来，而在要用时拿出来……"分门别类的妖精"的概念是纯粹机械性的，在纯物理科学中大有用处。但并非用它来帮助我们处理生命与心灵对于物质运动的影响这一类超出动力学范围的问题。

开尔文强调了"妖"的三个方面：生气勃勃、尺寸微小和具备智能，虽则对它在生物学上的意义避而不谈。

1911 年，波兰物理学家斯摩罗柯夫斯基（M.Smoluchowski）在哥丁根作了一次关于第二定律有效性极限的演说。他认为布朗运动既为妖精提供机会，也对其操作产生了限制。他论述了利用布朗运动做功的理想机器。强调了妖的身体尺寸微小，在大量分子碰撞下将变得头昏眼花，无法正常地操纵闸门，其本身也要作布朗运动。这样闸门的无规开关并不会导致第二定律的失效。

1929 年匈牙利物理学家西拉德（L.Szilard）发表题为"论由智能生灵导致一个热力学系统中熵的减少"的一篇很有见地的论文，文中强调了妖精在智能方面的作用。他设计了几种由麦克斯韦妖所操纵的理想机器，其中最简单的一种如图 9.3 所示。设想圆柱容器中有一个分子在运动，容器中间可以插入一个活塞，操纵机器的妖如果能够明察，并记住分子的位置是在左方还是右方，适时插入活塞

推向无分子的一方。这样活塞往复运动将提供功。不妨设想抽出和
插入活塞乃至于活塞的运动都在无摩擦力的情况下进行。机器做功
的关键在于妖精取得分子位置的信息，并有记忆的功能。这个例子
可以说明西拉德强调了妖精有获得信息、存储信息和运用信息的功
能，他做出如下的陈述：

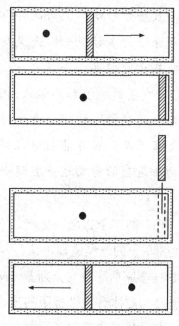

图 9.3　西拉德的理想机器

　　如果我们不愿意承认第二定律遭受破坏，结论必然是
将 y 与 t 耦合起来的作用，即建立记忆，是和熵的产生不可
分割地联系在一起的。

通过对妖精作用的分析，揭示了信息与熵之间存在的密切关系，
开创了现代信息论的先河。

1948 年贝尔实验室的电气工程师香农（C.Shannon），发表了有
关信息的数学理论的一系列论文，为信息论奠定了基础。他纯粹就
通信的理论进行考虑。当时也在贝尔实验室工作的法国物理学家布
里渊（L.Brillouin）随即将信息论与统计物理联系起来考虑，抓住西

拉德提供的线索，更加全面地论述信息与熵的关系，总结在 1956 年
出版的《科学与信息论》这一专著中。

在麦克斯韦妖操作过程中，首先它要能看得见运动的分子，并
且能够判断其运动速度。布里渊认为这不可能依赖于腔体内的黑体
辐射，因为按照基尔霍夫（G.Kirchhoff）的辐射定律，腔体内的辐
射是均匀的而不具有方向性，要看到分子，必须另用灯光照在分子
上，光将被分子所散射，而被散射的光子为麦克斯韦妖的眼睛所吸
收。这一过程涉及热量从高温热源转移到低温热源的不可逆过程，
导致系统中熵的增加。当麦克斯韦妖接收到有关分子运动的信息之
后，再通过操作闸门来使快、慢分子分离，来减少系统的熵。信息
的取得会导致系统中熵的增大，而操作闸门减少的熵，就数量而言，
并不能超过前者。这正是这一问题获得突破的关键：包括这两个步
骤全过程的总熵还是增加的。布里渊认为，有关熵减过程，是由于
信息对麦克斯韦妖的作用引起的，故信息应视为系统熵的负项，即
信息是负的熵。正是由于这个负熵的作用，才使系统的熵减小，但
若包括所有的过程，总熵依然是有所增加的。这充分说明，麦克斯
韦妖只能而且必须是一个可以从外部引入负熵的开放系统，正因为
此，它并不违背热力学第二定律。

这里，信息与负熵相当，信息的失去为负熵的增加所补偿，因
而使系统的熵减少。从麦克斯韦妖可知，若要不做功而使系统熵减
少，就意味着必须获得信息，即吸取外界的负熵。生命过程就是不断
地汲取环境的负熵来补偿身体内部自身熵的增加，而正是基于这一点，
其行为与麦克斯韦妖颇为相似，正如开尔文所说，妖精的三个特征之
一就是生气勃勃。

不可或缺——信息

什么是信息？无非是被传递或交流的一组语言、文字、符号或图像所蕴含的内容。在早期，信息不过是消息的同义语，其深邃的内涵却鲜为人知。

在人类社会里，应该说，信息与物质、能量一样，有其重要的地位，是人类赖以生存发展的基本要素。现代社会，信息的地位日趋重要，因此，了解信息，掌握信息，懂得如何充分有效地利用信息也就变得非常迫切了。当然，给信息一个明白无误的定义是非常困难的。信息所涉及的范围十分广泛，不仅包括所有的知识，还包括通过我们五官感觉到的一切。例如，新的科学技术成果、报纸上的新闻、市场行情、天气预报以至一幅画、一张照片，都属于信息的范畴。不胜枚举的事例，使人确信，信息是人类社会不可缺少的部分，我们是生活在信息的汪洋大海之中。信息科学也横跨了许多不同的学科：物理学、通讯工程、计算机科学、生物学、语言学、密码学，等等。

很明显，信息要以相互联系为前提，没有联系也就无所谓信息，任何事物都可以作为信息源，事物的特征和状态是潜在的信息，信息的储存不过是延迟了的传输。这就是说，信息是一种相对的概念：它自身不能单独存在，必须依附于一定的载体，而且也还要和接收者以及它所要达到的目的相联系，这才开始成为信息。正如维纳（N.Wiener）所说：

> 信息就是信息，不是物质，也不是能量。不承认这一点的唯物论今天就不能存在下去。

当然信息离不开物质载体，对它进行处理、传输或操作，必然要消耗能量。

信息具有多种多样的载体，这是信息的重要特征。例如，人类通过语言、符号等来传递信息，而生物体内的信息则是通过电化学的变化，经过神经系统来传递；信息本身与载体，载带信息的物理现象之间是有区别的，但是要将它们完全分开，有时也会有困难，譬如，图书、杂志、唱片、电视等，都是载带信息的媒介物，可是人们又往往把它们看成是信息的本身。信息在传输过程中，由于不可避免的噪声干扰或译码错误，往往会发生信息的减损，最理想的传输过程在于保真，即将信息一成不变地传输过去。但另一方面，信息还有一个重要特征是，不但不会在使用中消耗掉，而且还可以复制、散布。也就是说，它跟物质和能量不同，不会越用越少。就像书，它可供千万人阅读，产生不可估量的影响。例如，马克思与恩格斯合写的《共产党宣言》这本书，经过多次印刷、翻译和传播，在社会发展和人类历史上产生了天翻地覆的作用，而信息本身依然存在，毫无减损。

显而易见，信息既有量上的差别，又有质的不同。一段文字、字数的多少反映了量的差别，而其蕴含的意义则反映了质的不同。在日常生活中，我们对于信息的量与质有相当深的体验，量的差别固然重要，质的不同更不容忽视。同样是 20 个字，李白的

床前明月光，疑是地上霜；举头望明月，低头思故乡。

情景交融，蕴藉隽永，成为千古传诵的名诗；而有一份电报的内容为：

我因为生了病，不能及时赶来参加会议，非常抱歉。

只是直截了当地说明了一件事；另外还可以随便凑上 20 个字，也许是毫无意义。但就信息的量而言，三者并无差别，若是发电报，收费完全一样；而就其含意或价值而言，却有天壤之别。当然，信息的价值和意义又是相对的，是随着接收信息者的条件和状态不同而变的。例如图 9.4 中所显示的两段文字——泰米尔文（图 9.4（b））、中国商代的甲骨文（图 9.4（c）），对于不通晓这些语言的读者来说，无异于天书，毫无意义；对于相应文字的专家来说，就可以传达一定的意义。而复活节岛上发现的铭文（见图 9.4（a））至今尚未破译，虽然它蕴含了意义，却没有人能够理解；至于乐谱，只有

图9.4　不同形式的信息载体

对学过乐理的人，才有意义。图 9.4（e）所示的著名音乐家巴赫（J.B.Bach）的绝笔之作《赋格曲的艺术》的一段，其中暗藏玄机：有一段乐句中音符和字母 Bach 相当，有意使这一乐曲成为他的墓志

铭。幸好他的侄儿特表而出之，方为世人所知，所以在这段音符初现
之处，注下他生卒之年。图9.4（f）所示薛定谔方程，当然只有学过量
子力学的人，才能懂得其含义。至于王羲之的书法《快雪时晴帖》（图
9.4（d））与库贝（G.Courbet）的素描《睡女童肖像》（图9.4（g））
以及明代徐渭的绘画《孩童放风筝图》（图 9.4（h）），当然也可
以作为信息的载体来传送，但它们所蕴含的美感上的意义，显然是
超乎其外了。

但是，应该指出，有关信息内容的问题，实际上涉及对价值的
评估，显然超出了自然科学的范围。目前对此尚无法做出具有客观
性的、大家都能接受的论断，因而不得已只能舍此求其次：采用电
报局的办法，只计字数不问内容，回避了涉及信息内容这一重大而
有争议的问题，而单在信息量的问题上下功夫，这正是香农建立信
息论这一门科学的出发点。

天作之合——信息与熵

在信息量的问题上下功夫，关键在于如何给出具有普遍意义的
信息量的定义。由于字数和所采用的语言文字或符号系统密切相关，
而各种语言文字和符号系统的情况又千差万别，例如，一段中文，
系由许多汉字所组成，每个汉字又是在上万个汉字中挑选出来，其
几率约为 $1/10^4$；拼音出来，它就变成一细字母（包括空白），每一
字母则是在 26 个拉丁字母和一空白间抉择的结果，其几率为 1/27；
翻译成莫斯电码，每一电码，只有两种可能性，一划或一点，二者
必居其一，其几率为 1/2；因而要定义信息量，必须摆脱具体的语言
或符号系统的限制，从根本上来考虑，正是基于这个考虑，香农提
出了信息的统计理论。

首先，考虑存在有 P 种可能性，其几率是均等的。例如，一个
莫斯电码 $P=2$；一个拉丁字母 $P=27$；一旦在 P 种可能性之中选定

其一，我们就取得了信息，P 愈大，相应地做出了选择之后的信息量也愈大，这样，信息 I 被定义为

$$I = K\log_e P$$

这里的 K 为比例常数。由于相互独立的选择可能性（或几率）是相乘的，对应的信息量按此定义就具有相加性。如果考虑一个信息量是一连串几个相互独立的选择的结果，其中每一个选择都是在 0 或 1 之间作出的，因为总的 P 值应为 $P = 2^n$，于是

$$I = K\log_e P = nK\log_e 2$$

如果令 I 与 n 等同，则

$$K = \frac{1}{\log_e 2} = \log_2 e$$

这样定出的信息量的单位，就是在计算机科学中普遍使用的比特（bit）；如果令 K 等于玻耳兹曼常数 k，那么信息量就用熵的单位来度量。

上述的例子中，终态都是唯一的，很显然可以将 I 的定义推广到终态还存在有多种可能性的情况，就需要分别知道始态的可能性 P_0 和终态的可能性 P_1，这样

$$I = K\log_e \frac{P_0}{P_1} = K\log_e P_0 - K\log_e P_1$$

例如，考虑掷骰子所获得的信息，在未掷之前，$P_0 = 6$，掷出某一确定数字的信息（$P = 1$）等于 $K\log_e 6$，这样，掷出偶数的信息（$P_1 = 3$）就等于 $K\log_e 2$。

按照布里渊的思想，信息之不同的可能性可以和状态容配数联系起来，从而获得信息与熵的关系。考虑某一系统，始态时，信息 $I_0 = 0$，容配数为 P_0，则熵为

$$S_0 = k\log_e P_0$$

而终态时，信息 $I_1 \neq 0$ 容配数 $P_1 < P_0$，熵

$$S_1 = k\log_e P_1$$

显然，在所考虑的情况，系统并非孤立的，当信息获得后，使容配数降低，导致熵的减少，而这信息必须由外界机构提供，它的熵增加了，这样

$$I_1 = K \left(\log_e P_0 - \log_e P_1 \right) = S_0 - S_1$$

即信息相等于物理系统中总熵中的一个负值的量

信息 = 熵 S 的减少 = 负熵 N 的增加

（定义负熵 $N = -S$）。就是说，信息可以转换为负熵，反之亦然——这就是信息的负熵原理。这一思想萌生于西拉德早先的论文中，但未被学术界注意，熵与信息的关系重新为香农所发现，但他所定义的熵与热力学的熵之标准定义差一正负号，因而香农定义的信息在传递的不可逆过程中，由于噪音的干涉，传递的差错，只减不增，呈现了负熵的特征。这里叙述的信息与负熵的等同性，主要依照布里渊所阐述的观点。也有人对于这一看法持有异议。理由是，信息只涉及少数状态（例如 1 和 0）之间的多次抉择，而熵则涉及大数量的粒子态。对此，这里无法进行更加深入的讨论。下面的论述还是基本依据西拉德-香农-布里渊的观点。值得注意的是，也有人反其道而行之，将统计物理的熵的定义建立在信息论的基础上，认为熵是对系统无知度（或信息量欠缺）的度量。例如，对于系统的信息若仅限于若干宏观参量，对其微观状态的细节一无所知，那么我们将预期该系统处于熵为极大值的状态。因为，如果处于熵较低的状态，则必定会提供更多的信息。这就是杨乃斯（E.T.Jaynes）于 1957 年提出的原理。这种说法表述统计物理学的一个新思路。例如，在非平衡态的气体中，我们可能测出描述其宏观流动的数据，因而获得了较高的信息量；而到达平衡态后，只需要少数几个宏观参量来描述其状态，熵的增加就意味着信息的减少。

待价而沽——信息与能

下面来讨论处理信息的能量消耗问题，这是通讯技术、计算机技术和物理测量都十分关心的一个问题。当然，一个具体的机器，

如一台电子计算机，进行信息操作所消耗的能量取决于计算机的技术水平。随着电子技术的飞速进展，每操作一个比特信息所需的能量随时代在急骤下降，50 年内从 10^{-3}J 降到 10^{-13}J，下降了 10 个数量级，预期这一趋势仍将继续（见图 9.5）。但显然不可能无限持续下去，物理学的规律必然会对此能量规定一个下限。

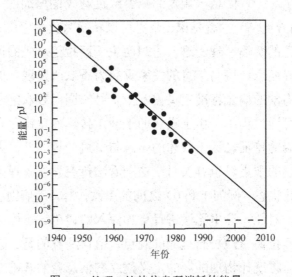

图 9.5　处理 1 比特信息所消耗的能量

我们知道，热机效率的上限是由热力学第二定律确定的，不管工艺技术如何改进，这一上限是无从超越。这里的情况有些相似，有待于作进一步的分析。

按照能量均分定律，物体每一自由度所分配到的能量约为 $kT \approx 4 \times 10^{-21}$J（在室温 $T \approx 300$K）。任何进行信息处理的元件总需要实现"开关"或"读写"的功能，kT 的能量相当于噪音的水平。那么"开关"或"读写"的能量至少应为 kT 的好几倍，这是由元件的工作情况所规定限制。

从信息论的角度，1 比特的信息量等于 $\log_e 2$，对应的熵为 $-k\log_e 2$，所给出的热量变化也正好等于 $kT\log_e 2$。另外，从香农提出的信息通道容量的基本公式也可以得到类似的结果。近年来，朗道尔

（R.Landauer）等人仔细分析信息处理中的能量极限，认为在理想化的计算和测量等过程之中，不可避免的能量消耗仅在于将存储的信息抹去，对于 1 个比特的信息，也正好等于 $kT\log_e 2$，这样，殊途同归，结论基本相同。

回过头来，我们不妨对图 9.3 所示西拉德的理想机器作一定量的分析。当妖精对分子的位置在左还是右作出判断，提供了正好 1 个比特的信息，最少需要 $kT\log_e 2$ 的能量。但利用信息使单分子气体膨胀作功，这相当于第二章所述的真空膨胀（气体的容积加倍），提供的功为 $kT\log_e 2$。两者正好得失相抵。

最近，有人探讨妖精是否有更经济采集信息的方法，提出将 N 个西拉德机器耦合起来，能否有利可图。当等到 N 个分子同样都处在左侧时，妖精才来操纵机器做功。这些对外做功等于 $NkT\log_e 2$，而清除信息所需能量仍为 $kT\log_e 2$，似乎有利可图了。但是且慢，N 个粒子都在一侧的几率是非常小的，对应于极其难得的涨落，需要等待很长的时间。类似于斯摩罗柯夫斯基设想的，利用布朗粒子来做功的机器，实际上还是行不通。通过以上的分析，似乎可以得出结论，信息处理所消耗能量的下限，还是由热力学第二定律所规定的，否则将导致第二类永动机的问世。到头来，妖精虽然神通广大，还是像孙悟空一样，翻不出如来佛的手掌心。

代代相传——信息与生命

在生物进化论的背后，存在两个带根本性的问题：一是生命的起源，即如何从无生命的物质变为有生命的物质，也可以说从无序到有序的问题；二是生物的遗传与变异，那就是从有序到有序的问题。对于第一个问题，目前科学家掌握的资料尚少，还没有得到明确的结论；而对于第二个问题，已经画出了一个基本的轮廓，这是 20 世纪自然科学最重大成就之一。

早在 1943 年，著名物理学家薛定谔在都柏林所作的题为"生命是什么？"这一产生深远影响的演讲中，首次提出了以非周期晶体作为遗传密码的大胆设想。次年阿弗利（O.Avery）发现了细菌转化现象，第一次直接证实了人们寻觅已久的控制生物遗传的物质基因，不是别的，正是脱氧核糖核酸（DNA）。即细胞核内 DNA 是遗传的物质基础，遗传信息就蕴藏在 DNA 的分子结构里。

1953 年，沃森（J.D.Watson）和克里克（F.H.C.Crick）确立了 DNA 分子的双螺旋结构，揭示了遗传信息及其复制规律（见图 9.6）。这一发现构成了分子生物学的重大突破。DNA 的基本结构单位是脱氧核苷酸。脱氧核苷酸含有碱基、磷酸和脱氧核糖，其中碱基有四种：腺嘌呤（A）、鸟嘌呤（G）、胞嘧啶（C）和胸腺嘧啶（T），DNA 双螺旋结构主要由两条互补的多聚脱糖核苷酸链由氢键的作用配对在一起。碱基的配对是固定的：A-T 相配，G-C 相配（见图 9.6），DNA 的碱基的序列就构成了遗传信息，它的不同排列就反映了各种生物遗传性的千差万别。历史上的物种，最高估计为 40 亿种，其信息量不过为

$$\log_2 4 \times 10^9 = 31.9 \ (\text{bit})$$

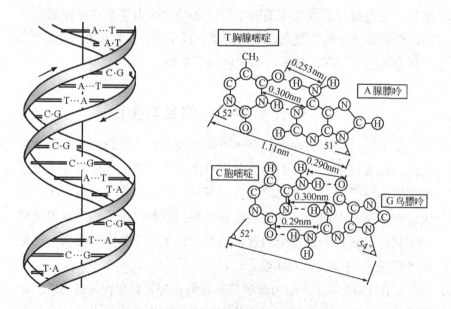

图 9.6　DNA 的双螺旋结构及配对的四种碱基

　　而 DNA 结构中存在有 A、T、G、C 四种碱基构成的序列。如果在这四种中任选两种来排列，就有 AT，AC，AG；TA，TC，TG，GA，GT，GC，CA，CT，CG，AA，TT，GG，CC 共 $4^2=16$ 种不同的排列；任选三种，则有 $4^3=64$ 种排列顺序。如果一条多核苷酸链上有 100 个碱基，那么则对应有 4^{100} 种不同排列顺序，这个数目不仅远远超过历史上所有物种的总数目，而且也超过了太阳系中原子的总数。现在已经知道一个基因是 DNA 分子链上的一个区段，其平均尺寸包含约 1000 个碱基，对应地可能有 4^{1000} 种不同的排列顺序，相当于 2000 比特的信息量，如此巨大的信息量足以说明 DNA 结构有充分的多样性，用来说明物种的千差万别。图 9.7 给出了一种噬菌体的碱基序列（这是人类从生物体中获得的第一张完整的基因组图谱），已经是洋洋大观了；而记录一个大肠杆菌的碱基序列，需用一本超过千页的大书；至于一个人体细胞的碱基序列，则约需百万页的篇幅，这相当于一个图书馆的容量。取得人的全套基因组图谱，科学意义十分重大，但工作之艰巨，亦令人望而生畏。在著名分子生物学家沃森倡导之下，一项于 1991 年开始的国际合作研究计划，投资高达数 10 亿美元，原先预

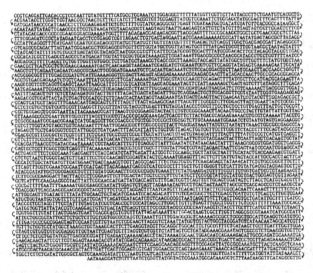

图 9.7　噬菌体 $\phi\times174$ 染色体中的碱基序列

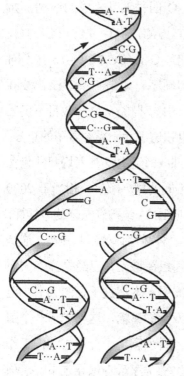

图 9.8　DNA 的复制模型

期在 15 年内完成，现已顺利地提前完成了。这项计划的实现必将对生命科学和人类生活产生至为深远的影响。有科学家将这一计划的完成对生命科学的意义与 19 世纪门捷列夫编制出化学元素周期表对化学的意义相提并论。这一比拟是否正确，尚有待于未来的科学史家来回答了。

生物特征的遗传，在分子水平上就是通过 DNA 复制来实现的，就是 DNA 双链松解开来，每一条链再与一条新链按碱基配对关系连接，结果相当于原来的双链衍生为两条等同的双链。而碱基的顺序与原来的全同，实现了遗传信息的复制，见图 9.8。这一过程说明了严格的有序在生物中是多么重要。而且复制信息的能量消耗是非常低的，据估计复制一个比特的信息，其消耗能量仅为 100kT 的量级，仅为当代最先进的微电子元件的百万分之一。

生物大多数的遗传性状都要通过各种蛋白质表现出来。蛋白质的种类很多，却都是由 20 种氨基酸形成，只是排列结构不同。DNA 的顺序方式包含着所有遗传信息，参与一系列的反应，在反应期间，这些信息被翻译成不同蛋白质序列的形成，换句话说，这些遗传信息决定着氨基酸的排列顺序，进而决定着蛋白质的化学结构和生物学功能，即 4 种核苷酸排列的 DNA 双链与 20 种氨基酸排列的蛋白质大分子链对应。这就出现一个问题，正像点和划两种信号的莫斯电码，要与 26 个拉丁字母及空白间隔相对应，与众多的文字相对应一样，有一个编码和译码的问题。显然，一个碱基不足以决定一种氨基酸；两个碱基也不够，因为它只有 $4^2=16$ 种排列组合方式；三个碱基则有可能。因此，在 20 世纪 50 年代，伽莫夫（G.Gamov）用信息方法预测 20 种氨基酸取决于核苷酸三联密码，即三种碱基组成一个遗传密码，决定一种氨基酸。这样，由四种核苷酸组成的三联体变异度可达

$$\log_2 4^3 = 6 \text{（bit）}$$

还有一定的多余度。这些推测相继得到实验证实，20 世纪 60 年代，三联密码逐一被破译。

遗传密码的全部确定，为遗传信息的传递铺平了道路。一般来说，遗传信息的传递通过两步来实现，第一步为转录，将 DNA 上的核苷酸排列顺序准确地抄写在信使 RNA 上；第二步叫翻译，将信使 RNA 上的核苷酸语言翻译成蛋白质的氨基酸语言。翻译在细胞质中的核糖核蛋白体上进行，这时有一种转移 RNA 充当译员，它能够识别信使 RNA 上的密码。根据密码的要求，将各种氨基酸在核糖核蛋白体上装配成蛋白质。于是就完成了遗传信息的传递。

这里简要介绍的遗传信息、遗传密码、蛋白质的合成只是生命的庞大秘密中的一斑一点。实际上，生物的这些活动过程是错综复杂的，许多细节还不清楚，还有更多的生命现象使人们迷惑不解，应该说，我们对于遗传信息的理解还是初步的，相当于小孩子咿呀学语的阶段，彻底回答生命之谜的日子还很遥远。唯一可以肯定的是，生命物质的特殊结构和特殊运动形式，使生命具有高度的稳定性，又有无限的可变性，核酸和蛋白质之间的相互依存、相互制约形成生物的自动控制体系，进行着生命的主要特征——新陈代谢活动。同时生物在长期的生存斗争中不断地适应自然、改造自然，不断地演变和进化。

回到我们的物理讨论上来，我们知道生命过程中熵往往是减少的，体现在遗传上更是如此，在遗传编码复制蛋白质分子的过程中，熵大大地减少了，这很容易理解。在这个过程中当然没有发现任何作功的迹象。同样，在非生命系统中也往往有类似的情况。在引进

信息概念后，这一令人不解的现象"豁然开朗"，信息与负熵等当，负熵的增加补偿了信息的遗失。

使人感兴趣的是，生物学的程序常常出现在几率甚低的物理状态，这种物理状态是被一些和麦克斯韦妖相似的酶所建立并且保持的，像麦克斯韦妖维持温差和压力差一样，酶维持着系统中的化学差别。又如人体肾的功能在于排泄废物并调节失去的水分和血液中的电解质，以保持血液流量和成分的相对稳定。这相当于根据信息来筛选不同的离子。这一过程也显示出麦克斯韦妖的踪迹：生气勃勃、尺寸微小且具备智能。这一妖精不仅在物理世界里大显神通，在生物世界中更是如鱼得水，得心应手。

谁执牛耳？——能熵之争

1938年，埃姆顿以一则短评"冬季为什么要生火？"（见第二章）给"能与熵何者更为重要？"添注了新意。后来，索末菲（A.Sommerfeld）重提这一话题，在他1952年出版的遗著《理论物理教程》第五卷"热力学与统计力学"中，有一节赫然题为"能与熵地位高下之争"。正文中，未加评论地引用了埃姆顿的短评，显然是支持埃姆顿的观点，将传统的看法（即以能是宇宙的主宰，而熵是其影子）颠倒过来，地位倒置，熵相当于企业的经理，而能则降为簿记员的地位。其根据无非是熵（而非能）指挥了自然过程演变的方向，换言之，熵决定了时间之矢。

值得注意的是，索末菲在例题中进一步考虑了埃姆顿所忽略的内能之附加常数项，导出了内能密度并不守恒，而是随升温而略微减小的结果，明白无误地得出熵比能地位更高这一令人注目的结论。1961年，久保亮五的《热力学与统计力学》一书，再次引用了埃姆顿的全文，以示支持。

应该说，埃姆顿以及索末菲等人虽已经认识到熵之重要性，但他们的理解还是不完全的。在熵概念日益拓展，其内涵进一步深化的今天，联系到这里所谈的负熵（信息），有理由相信，埃姆顿的结论已愈来愈为人们所理解、赞同，负熵的获得似比获取能量来得重要。薛定谔的名言，生命"赖负熵为生"也似乎越来越为人们所首肯。

从另外一个角度来看，能与熵的地位高低之争已经超出了纯科学的范畴，而应取决于社会的实践。对于这一问题，答案并不是一成不变的，时代的思想必然要被反映出来，在人类历史的不同时期可能有不同的答案。

以热机发展为主导的第一次工业革命，关键的问题是为用机器将人从繁重的体力劳动中解放出来，能显然处于更为重要的地位，说这场工业革命是能的革命并不过分。而当今人类社会正好进入了以信息技术为主导的第二次工业革命，关键问题在于充分发挥信息技术的功能，对各式各样的过程进行计算、控制和操纵，从而取代人的非创造性的脑力劳动，正如维纳所说的那样：

> 17 世纪和 18 世纪是钟表的时代，18 世纪末叶和 19 世纪是蒸汽机的时代，现在是通讯和控制的时代。

另外，以基因工程为代表的生物技术的革命也正在人类社会生活中扮演愈来愈重要的角色。这样，熵（或更确切地说负熵）的重要性被凸现出来，可以毫不夸张地说，当代的工业革命是一场熵（或负熵）的革命。那么，从社会实践角度看，说在当今的世界中，熵比能更加重要，也顺理成章，容易为大家所接受了。

第十章
尚未了结——当代视野中的熵

　　从克劳修斯首次引入熵的概念到现在已有 150 年，玻耳兹曼提出熵的统计解释也有 130 多年了，熵已经在自然科学的广泛领域中留下了深深的印记，并已写入了普通物理的教科书之中。但熵的问题还尚未了结，人们还在从不同的角度来研究、讨论，甚至于争辩有关它的一些问题。

　　牛顿对于物理学的贡献之大是无与伦比的。他在 1687 年出版的杰作《自然哲学的数学原理》一举奠定了经典力学的基础，他的科学遗产沿用至今，不论在理论上或技术上都是硕果累累。1872 年玻耳兹曼在牛顿动力学的基础上导出了玻耳兹曼方程来处理非平衡态中的演化问题；然后提出了熵的统计解释，首次用熵来标志时间之矢。在他的理论中采用了两个层次的描述：在微观层次上，采用了牛顿的动力学理论，这一理论本身是可逆的，依循了时间反演对称性；而在宏观层次上，由玻耳兹曼方程所描述的演化过程，则具有不可逆性，破坏了时间反演对称性。可逆的牛顿的动力学理论与不可逆的非平衡态玻耳兹曼动力学理论之间确实存在矛盾，一直受到科学家的关注，有时甚至于非难。有关的问题，我们曾经在第五章中作了初步的讨论，但不能说问题已经讲清楚了。到了 20 世纪，这一问题仍为学术界所关注，引发了许多数学家和物理学家的研究工作。根据这些工作的成果，目前学术界大体上得到了共识：玻耳兹曼所走的科学道路基本被肯定，牛顿的动力学和玻耳兹曼的统计力学确实可以协调起来，从而为更加全面地发展非平衡态统计力学奠定基础。虽则尚存留不少细节问题，有待于推敲。本章所述侧重于概括 20 世纪中所获得新进展。

本章首先简单介绍系综理论在平衡态和非平衡态问题中的应用；进而讨论现代动力学系统理论所带来的新的洞见，以及为奠定非平衡态统计力学基础的一些物理成果；最后简述一下涉及物理学规律时间反演对称性的有关问题。

从真实到虚构——相空间、系综与吉布斯熵

吉布斯在其 1902 年问世的杰作《统计力学的基本理论》一书中进一步发展了统计热力学，全面论述了他提出的统计系综理论，协调处理了动力学与统计力学的关系，从而成为统计热力学最普遍化、同时又是最便于推广应用的理论框架。堪称为平衡态统计力学的登峰造极之作。

图 10.1　吉布斯
（1839～1903）

事情的缘起要追溯到 19 世纪中叶，一位才华横溢的爱尔兰数学家哈密顿（W.R.Hamilton）对于牛顿动力学进行了重新表述：其特点在于处理自由度为 N 的系统，将动量坐标 p_1 …，p_N 和位置坐标 q_1, …，q_N，一视同仁，平起平坐。将系统的总能量表示成哈密顿函数 H，引进一组一阶偏微分方程，即哈密顿方程，取代牛顿的运动方程描述具有 N 个自由度的系统

$$\dot{p}_i = -\frac{\partial H}{\partial q_i} \quad \dot{q}_i = \frac{\partial H}{\partial p_i} \quad i = 1, 2, \cdots N$$

哈密顿方程呈对称形式，相互作用力隐而不彰，显得精致而微

妙，但物理本质和牛顿运动方程并无差异。19 世纪末著名数学家克莱恩（F.Klein）对哈密顿理论给予很高评价，但对其实用价值深表怀疑，他说：

> 这套理论对于物理学家是难望有用的，而对工程师则根本无用。

似乎认为是漂亮而无用的理论。但科学发展的事实否定了这一武断的预言。

量子力学创始人薛定谔曾说：

> 哈密顿理论已经成为现代物理的基石。

事实上，统计物理和量子力学都依靠它，可以说哈密顿理论既漂亮又有用。

吉布斯对玻耳兹曼的统计力学进行了重新表述，正是用哈密顿方程来取代牛顿的运动方程，进而还用虚构出来的相空间来取代现实世界的三维空间。对于 n 个不受约束的粒子，每粒子具有 3 个位置坐标和 3 个动量坐标，因而其相空间维数为 $6n$。我们生活在三维空间之中，要想像单一粒子的 6 维空间尚且不易，更何况 $n \sim 10^{23}$ 的 $6n$ 维空间呢！但是实际上我们无需具体设想这类高维空间的实际情况，模模糊糊当它类似于三维空间就行了（参看图 10.2（a），示意了相空间中的一点。这一点 Q 代表几个粒子某一瞬间的所有位置坐标与动量坐标）。但事实上相空间的一个任意点其各个坐标都是起伏不定的。而且科学家用实验仪器去探测也不是具体的一个点，而是在一定的时间内的平均值。为此吉布斯就引入了系综的概念，它对应于相空间中大量点的集合，即一个区域。（参看图 10.2（b），将相空间中的一点延拓成一个区域，就对应于系综。实际上仪器所测出的物理量相当于对系综求平均值）。

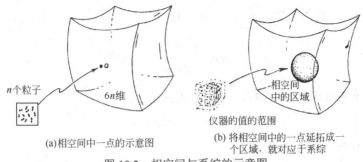

(a)相空间中一点的示意图　　(b)将相空间中的一点延拓成一
　　　　　　　　　　　　　　　个区域，就对应于系综

图 10.2　相空间与系综的示意图

从此以后相空间与系综这两个现实世界中虚构出来的概念在统计物理学中扮演了特别重要的角色。

设想有 N 个自由度的动力学系统，要描述这一系统的状态，需要 N 个位置坐标（$q_1, \cdots, q_N$）和 N 个动量坐标（$p_1 \cdots, p_N$），即系统的状态 x 为 $2N$ 维的空间（相空间）中的一点。如果系统是孤立的，则系统的总能量 E 为一常数，x 点就应躺在 $H(x) = E$ 的等能量超面（$2N-1$ 维）Γ 上。系统按照动力学规律的演变过程，就对应于 x 点在 Γ 面上运动。吉布斯不仅着眼于系统的一个具体状态，而且要考虑系统所有可能处的状态，这就构成一个系综。因而考虑分布在 Γ 面上密度为 $\rho(x)$，如果 $\rho(x)$ 为常数，这就是微正则系综。

吉布斯系综理论事实上是玻耳兹曼工作的延续，但推广到容许有相互作用的粒子系统，因而具有更高的普遍性。它用相空间中的密度函数 $\rho(x)$ 来取代玻耳兹曼使用过的速度分布函数 f。显然 ρ 具有更加丰富的物理内容，它不仅包括了速度的分布情况，还蕴含了不少其他的信息，如相隔一定距离两个粒子相遇的几率。

进一步就要考虑相空间中密度函数的演变过程。按照保守系统的经典动力学，这相当于不可压缩的流体的流动。起初，密度 ρ 可以任意地分布在等能面 Γ 上，到达平衡后，ρ 将不再随时间而变动，保持恒定值。在微正则系综中，Γ 面上的密度是均匀的。利用系综理论可以计算出一系列的热力学量及其涨落。系综的吉布斯熵定义为

$$S_G = -k \int_\Gamma \rho_t(x) \log_e \rho_t(x) \mathrm{d}x$$

由于 $\rho_t(x)$ 为常数，$\int_\Gamma \rho_t(x)\,\mathrm{d}x = 1$，而

$$\log_e\left[\frac{1}{\rho_t(x)}\right] = \log_e W$$

W 为系统的微观状态数，所以上式就等于

$$S_G = k \log_e W$$

与玻耳兹曼关系式吻合。

系综理论也可以推广应用于封闭系统和开放系统，对应的系综被称为正则系综和巨正则系综。这里就不详细介绍了。

墨水比喻——粗粒化与混合性

系综理论在处理平衡态的统计力学问题上取得了无比的成功，但将它推广到非平衡态就遇到困难，迄今尚未得到一致的看法。吉布斯在其《统计力学的基本原理》中，用墨水的比喻对从非平衡态向平衡态的趋近进行了极其形象的阐述，见图 10.3。

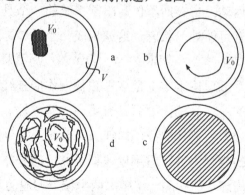

图 10.3　吉布斯的墨水比喻

如果清水中滴入分子数为 N，体积为 V_0 的墨汁。显然 N 不随时间而变化，而流体体积 V_0 在不可压缩的流动之中将保持不变。这样所定义的熵称为细粒熵

$$S_f = -M\log_e\frac{N}{V_0}$$

这是一个不随时间而改变的量。在搅拌长时间后，用肉眼来看，

墨汁"溶"于水，仿佛已遍布整个体积 V（墨汁与水的总和）。
我们可以定义粗粒熵

$$S_c = -N \log_e \frac{N}{V}$$

显然 $S_c \geqslant S_f$。将上述的讨论翻译成相空间的语言，则细粒熵 S_f，与
粗粒熵 S_c，分别应为

$$S_f = -k \int_t \rho_t(x) \log_e \rho_t(x) \ \mathrm{d}x$$

$$S_c = -k \int_t \rho_t^*(x) \log_e \rho_t^*(x) \ \mathrm{d}x$$

这里的 $\rho_t^*(x)$ 为粗粒化的密度函数，系对相空间的宏观尺寸的元胞求
平均值而得出的。

吉布斯的墨水比喻中所蕴含的观点，得到埃任费斯脱夫妇的进
一步阐述，将非平衡态中熵的增加归之于粗粒化的结果。微观的动
力学规律是完全可逆的，由于密度 ρ_t 值是守恒的，细粒熵的值也是
守恒的，不随时间而增长。粗粒化意味着我们对于动力学系统信息
的丧失，从 10^{23} 个自由度的系统约化为自由度数目很小的演化方程，
只有 6 个自由度的玻耳兹曼方程就是一个实例。这样，就导致了反
映不可逆性的粗粒熵的增长。所以这一结果也被认为是对于 H 定理
的一种推广，而粗粒熵式中的

$$\int \rho_t^*(x) \log_e(x) \ \mathrm{d}x$$

也被称为广义 H 函数。

分等定级——从遍历系统到伯努利系统

1871 年玻耳兹曼提出了动力学系统的遍历（ergodic）假设，作
为统计物理的理论基础。所谓遍历，或更确切地说，各态遍历，是
指描述动力学系统状态的轨道，在足够长的时期内将扫过相空间等
能量面上的任意点。后来人们发现，这样的提法数学上不妥，一根
轨道不可能覆盖整个曲面。于是就退一步将提法修正为准遍历假设，
即将轨道通过任意点改为通过任意有限区域。物理学家每每认为，

遍历假设在他们所研究的系统中理所当然地成立。这样一来，某一物理量在相空间的平均值就等于该量的时间平均值。例如，吉布斯的系综理论中，等能量面上具有均匀密度，就是一个实例，而且由此发表的平衡态统计力学获得了非凡的成功。但数学家对待问题的方法就不一样，他们严格论证了若干具体的动力学系统是否遍历，还进一步探讨遍历系统的特征，从而发展了现代的遍历理论，对此，伯克霍夫（G.D.Birkhoff）、霍普夫（E.Hopf）等作出了重要贡献。

后来发现单纯的遍历条件，尚不足以保证系统由非平衡态向平衡态趋近，还需要引入具有更强随机性的混合系统。所谓混合，可以用日常生活的实例来说明：将乳脂加到咖啡里，通过搅拌，可以达到水乳交融——即完全的混合。有些系统既具遍历性，又具混合性；也可能有只具遍历性，而不具混合性的系统，但反过来则不行。图 10.4 示意了相空间中不同类型的流动，就显示了只具遍历性，而不具混合性的例子。其中（a）非遍历的；（b）遍历的但不是混合的；（c）混合的。所以我们说在随机性的等级上，混合性比遍历性高了一级。动力学中的混合是指在相空间中的行为，混合系统的特征在于能量面上的初始区域分散为一束纤维，最终布满整个面。初始近邻之间的关联必须随时间衰减，但对其衰减时率却不规定限制条件。如果运动中出现局域轨道的不稳定性，即相邻的轨道将作指数式的分离，而关联也作指数式的衰减，这种系统被称为 K 流（根据 Kolmogorov 命名）。尚有一类系统，随机性比 K 系统更强，被称为伯努利系统，和轮盘赌的轮盘一样，完全无规地显示出一系列数字，虽则统辖它的方程都可以从牛顿力学推导出来。有趣的是，70 年代末美国加州大学圣克鲁兹分校有一批青年物理学家热衷于轮盘赌的物理学研究，他们的赌场淘金梦虽未能实现，但却为混沌动力学（即决定论方程中的无规行为的研究）的建立作出贡献而得到补偿。

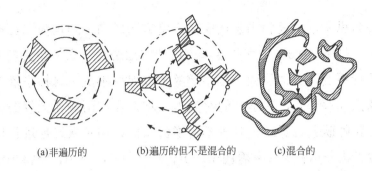

(a)非遍历的   (b)遍历的但不是混合的   (c)混合的

图 10.4　示意式的表示遍历性与混合性的差异

遍历性、混合性、K 流、伯努利流，顺着这一序列，系统的随机性愈来愈强，在序列中后面的系统蕴含着前面系统的所有条件，反之则不然。这样一个纯粹的决定论式的系统，却和轮盘赌一样，表现出完全无规的行为。图 10.5 画出了不同随机性系统的等级，等级愈高，随机性也愈突出。

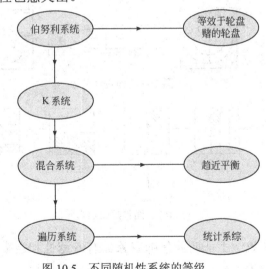

图 10.5　不同随机性系统的等级

（上面的系统蕴含下面系统所有的随机性）

面包师与猫——相映成趣，共参妙理

为了阐述决定论的规律中可能出现随机性的结果，科学家设想出稀奇古怪的面包师映象。所谓映象，即图样按一定规律变换。

顾名思义，这就相当于揉面团，将方的压扁，一切为二，再摞起来，见图 10.6。这样的过程可以持续地进行下去。在变换中面积保持不变，类似于微正则系综的密度保持不变。这样系统中的任意点（x，y），在不同的时间内，将在左右两侧作无规的转移。面包师映象也显示出某种不可逆的倾向，如果接连地进行这一映象（称为迭代）（参看图 10.7），从 1 到 2，……，将得到愈分愈细的横条纹，显示出某种表观的不可逆的倾向。但是这种映象也可以反其道而行之，即进行逆映象，从图 10.6 左侧开始，进行横向压缩到一半，沿中分横线切开，再并排起来，就 0 图像过渡到 -1 图像，若持续进行下去，就会导致纵条纹愈来愈细。这样在 $t > 0$ 方向和 $t < 0$ 方向都呈现了不可逆性的倾向。因而，这种简化的动力学系统仍然保留对时间反演的对称性。

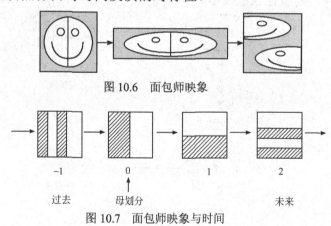

图 10.6　面包师映象

图 10.7　面包师映象与时间

可以从数学上证明面包师映象具有普遍性和混合性，体现出的随机性的行为，尽管映象是按决定性的规律进行的。俄国数学家阿诺德（V.I.Arnold）则提出了更加复杂的猫映象。从图 10.8 中所示：从图 10.8 中左侧的方块进行拉伸形成了中间分处于六个方块中的平行四边形，再将个块图像切下拼砌为方块。这一变换过程也保持面积不变，但原始的猫脸已面目全非。这样的过程也可以持续进行下去。同样可以从数学上证明猫映象也具有遍历性和混合性。

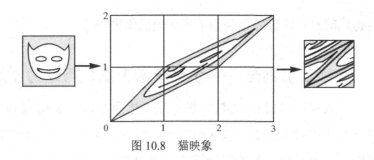

图 10.8 猫映象

设想原始图像是图 10.9 中所示蜷缩于左下角一隅的小方块（图 10.9（a））。经过 2 次迭代的猫映象，演变为沿右上角延伸出去，而在与它正交方向受到压缩的长条图像（图 10.9（b））；经过 3 次迭代，成为图 10.9（c）；经过 10 次迭代，就演变为分布在沿伸长方向 10^6 根平行而不规整的细线，但粗略一看，就十分类似于许多点子均匀分布于整个方块中的图像（图 10.9（d））。

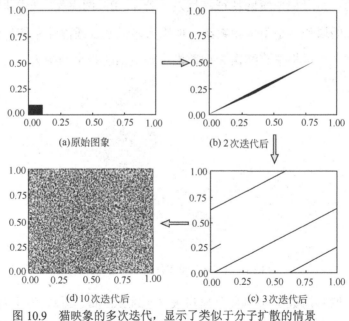

图 10.9 猫映象的多次迭代，显示了类似于分子扩散的情景

这一演变的始态和终态和本书第三章中棋盘游戏的始态（图 3.2）和终态（图 3.4（b））不谋而合，均可以用模拟集中于小方块中的一群分子扩散到整个方块之中的过程。从这里可以看出一个具有决

定论式的变换可以导致类似于不可逆的物理过程。

定量刻画——李雅波诺夫指数与动力学熵

第六章中曾经提到庞加莱发现天体力学的三体问题是不可积的，其轨道对初始条件极其敏感。两根初始条件十分近似的轨道随时间而逐渐发散。为了定量描述对初始条件是否敏感，可以利用以俄国数学家李雅波诺夫（A.Lyaponov）名字命名的李雅波诺夫指数。设想初始位置十分近似的两点的位置分别为 x_0 与 x'_0，若其差值随了时间作指数式的增长，在时间 t 以后，此差值约可表示为

$$x'_t - x_t = (x'_0 - x_0)\int_0^t \exp(\lambda t)\mathrm{d}t$$

若 $\lambda < 0$，两点差距不会随时间而拉开，因而系统对初始条件是不敏感的，是可积系统的特征；反之，若 $\lambda > 0$，两点差距将随时间作指数式的增长，是不可积系统（也称为随机系统或混沌系统）的特征。当然也可以将李雅波诺夫指数推广到多维的相空间中去。

图 10.10　柯耳莫果洛夫（1903~1987）

俄罗斯数学家柯耳莫果洛夫（A.N.Kolmogorov）为了定量描述动力学系统的行为将熵的概念引申到动力学系统之中。这种熵被称为动力学熵或 K 熵。动力学熵或 K 熵的来源是基于香农的信息论。我们不妨从上节中猫映象的多次迭代讨论出发，在图 10.9 中的始态 A 是均匀分布在左下角的小方块，小方块随了映象的迭代变得细长，

而且分成多支，经过了 10 次迭代后看起来像是均匀分布在单位方块之中。假设我们对于单位方块中相近两点分辨本领为 δ。由于原始小方块沿着不稳方向拉伸，通过每次迭代，我们对于始态中的各点位置的分布就分辨得更加清楚。换句话说，这表明我们从图像取得信息的可能性将随映象不断进行而作指数式的增长。以上的例子表明了具有正值的李雅波诺夫指数的动力学系统产生获得信息的可能性，这就和 K 熵有关了。

考虑相空间或等能量面的一个区域 Γ，具有一定值总的测度 μ（密度的总和）。可以分划为若干分区 $\{w_i\}$。我们可以以面包师映象的单位正方为例来说明分区。原始分区为两半 W_i，$i = 0$，1（见图 10.11）。作逆面包师映象 $B^{-1}(W_i)$ 可将单位正方分为 4 个分区 W_{ij}，$ij = 00$，01，00，11。用数学语言来说，这一分区相当于原分区 $W = \{W_i\}$ 与 $B^{-1}(W)$ 交截之和。可以继续进行逆面包师映象以获得更细的分区。

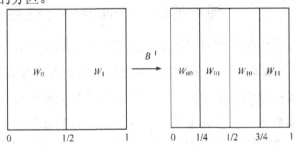

图 10.11　对面包师逆映象做出分区

对某一分区获得的信息量就定义为

$$H(\{w_i\}) = -\sum_i \mu(w_i) \log_e [\mu(w_i)]$$

而归一化条件为

$$\sum_i \mu(w_i) = 1$$

如按原方案继续下去，可以获得一系列的 K 熵值，如

$$H_1 = -\frac{1}{2}\left(\log_e \frac{1}{2} + \log_e \frac{1}{2}\right) = \log_e 2$$

$$H_2 = -\frac{1}{4}\left(\log_e\frac{1}{4} + \log_e\frac{1}{4}\right) = \log_e 4$$

而每一步映象所增加获得的信息的可能性为

$$h = \lim_{n\to\infty}\frac{H_n}{n}$$

这些定义还与分区的选择有关。而 K 熵（用 h_K 表示）则定义为：在 $t=0$ 时，所有可能有限分区的 h 值中的极值（极大值或极小值）。

对于许多随机性系统存在一个定理：K 熵等于正值的李雅波诺夫指数之和，即

$$h_K = \sum_i \lambda_+^i$$

由于李雅波诺夫指数比较容易计算，所以，这个定则用以计算 K 熵。对于面包师映象，$h_K = \log_e 2$；对于猫映象

$$h_K = \log_e\left[(3+\sqrt{5})/2\right]$$

铺平道路——通向不可逆性

在前面介绍了面包师映象，我们看到：如果将它投影到不稳方向，将会导致动力学 K 熵增加，和玻耳兹曼引入的 H 定理如出一辙。但是如果投射到任意方向上去，情况又将如何呢？在这里，不妨再来细察猫映象。在猫映象中，也存在不稳方向和稳定方向，两者相互正交，沿不稳方向，李雅波诺夫指数 λ 是正的，图像伸长；而沿稳定方向，李雅波诺夫指数 λ 是负的，图像收缩。如果将图像沿任意方向投影，情况又将如何呢？我们还可以从图 10.11 所示的例子中的原始图像所对应的分布函数出发，按照猫映象的规则将分布函数投影到 x 轴成为 $W(x, n)$，其中 n 代表时间的步数（即迭代数），则 $W(x, n)$ 随 n 的变化显示在图 10.12（a）中。可以明确看出，分布函数从完全定域化的 $n=0$，逐渐散布开来，趋于均匀分布于整个方块。还可以将分布函数投影到 y 轴所得 $G(y, n)$，情况完全相似，仅细节略有差异。根据这些数据，我们可以分别计算相应的玻

耳兹曼 H 函数。图 10.12（b）画出了这些 H 函数的单调下降，和玻耳兹曼 H 定理完全吻合。

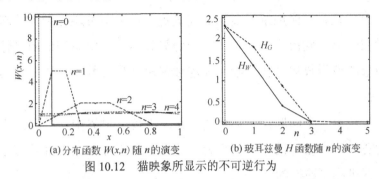

(a)分布函数 $W(x,n)$ 随 n 的演变　　(b)玻耳兹曼 H 函数随 n 的演变

图 10.12　猫映象所显示的不可逆行为

到了这里，我们可以大体明确，具有随机性的动力学系统的分布函数的投影会导致不可逆性，即使动力学系统自由度甚小，亦是如此。但是这些演示出不可逆的低维动力学系统，人为性太强，与导出玻耳兹曼方程的牛顿动力学规律还有很大的差距。因而不能就据此认为宏观的不可逆性问题已经解决。况且通常流体中包含了遵循牛顿动力学规律的大数量的粒子，还形成某种结构。如果完全忽视这些问题，也会令人误入歧途。有关 K 熵的理论也有了进一步的发展：首先以 ε，τ 为尺度将系统的时空分划为大量的网格，这里 ε，τ 分别代表测量系统的空间和时间分辨的极限。科学家研究了不同类型的动力学系统（从纯决定论式的到纯随机的）中 K 熵的产生时率。他们发现对于随机性的系统，当 $\varepsilon \to 0$，K 熵的产生时率趋于无限大；若对于决定论式的常规系统，此量仍然保持有限值。由于区分这两类系统所需要的分辨尺度极其细微，完全有可能在宏观上看起来并不表现出明显的随机行为，而在微观尺度上却潜含了这类行为。

另一类关键问题涉及粒子数大还是小。通常的热力学系统中，粒子数可高达 10^{23}，这一数目可以作为热力学极限的标志。系统中粒子数如此之大，显然它的行为和只有少数粒子组成的系统有明显的差异。作为对比，我们可以设想另一极端，盒中只有几个粒子。

尽管这些粒子所遵循的动力学规律具有遍历性与混合性，却很难推断这一系统是否存在不可逆性。问题的症结在于粒子数太少，涨落就十分显著，庞加莱的复始时间甚短。由于不可逆性和大的涨落混淆在一起，变得难于识别了。因而只有当动力学系统的随机性和大数量的粒子数耦合在一起，才能体现出玻耳兹曼方程所描述的不可逆性。

还有一个问题在于环境的干扰。在现实世界中，环境的少量干扰总是不可避免的。一般而言，这些自然界存在的干扰效应是有利于促进不可逆性的。

桌球戏的启示——回归玻耳兹曼方程

在这里，我们可以简单地介绍俄国数学家西奈（Y.G.Sinai）等人所研究的桌球系统的理论。这一理论采用了漂亮的数学而获得了十分重要的物理成果。他们用桌球系统来模拟罗仑兹气体，即自由电子与无规或周期性分布的原子群相散射而引起金属中电阻的理论。他们首先采用了等径的硬球（或约化为盘）作为散射体稀疏地散在桌面上或空间中，然后用一束点状微粒射向球体后，球体之间来回碰撞。假设所有的碰撞都是弹性的，既粒子的速率保持不变，但运动方向改变。这意味着能量守恒，但动量不守恒。西奈首先证明了这样的系统具有遍历性和混合性。进而计算了其李雅波诺夫指数，获得了正值的结果。我们在这里简单地介绍一下这一计算的基本思路。考虑两个相邻的差距为甚小的微粒，平行地射向球体，被球面弹出，平行运动的粒子轨道变得分散（参看图 10.13）。这一弹性碰撞问题的结果和光线为镜面反射的光学问题完全相同，类同于以圆柱面或凸球面作为哈哈镜将人体伸展的效果。如果刚开始发散，粒子轨迹经过球体的多次反射，粒子间差距将愈来愈大，因而会得到指数式发散的结果，即具有正值的李雅波诺夫指数。这表明系统呈现了明显的随机性动力学行为。

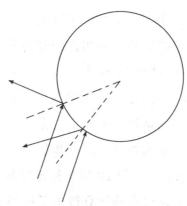

图 10.13　平行粒子束为凸球面或柱面的反射而发散

　　将桌球系统从二维到三维，数学更复杂一些，但物理的结果是类似的。令 $x(t, \theta_0, x_0)$ 表示一个质点在时间 t 的位置，显然是该质点的初始条件（包括位置 x_0 与方向角）与时间的函数。假如初始条件的不确定性，可以用概率密度 $p(x)\,\mathrm{d}x$ 来表示。由于质点运动轨迹对初始条件具有敏感性，这样，随了时间 t 的增大，它会导致 $x(t, \theta_0, x_0)$ 的概率分布弥散化。这是微观尺度下的行为。要从微观尺度下粒子的行为过渡到宏观尺度下系统的行为，可以引入坐标变换 $X=\varepsilon x$，这里的参量 ε 为长度的倒数。这样，

$$X(t) = \varepsilon x(t/\varepsilon, \cdots)$$

当 $\varepsilon \to 0$，典型的轨迹在宏观尺度下看来，就类似于第三章所述的布朗运动，而这里 $X(t)$ 将微弱地收敛到始于原点的 d 维布朗运动，从而可以从爱因斯坦关系式来求出所对应的扩散系数。这样一来，我们就可以从微观的、可逆的硬球系统质点动力学推导出 $\varepsilon \to 0$ 极限下的不可逆的玻耳兹曼方程。从而完成了从微观上随机动力学过渡到宏观上具不可逆性的统计力学。反过来，科学家也可利用玻耳兹曼方程倒过来计算李雅波诺夫指数，表明其中有一些确实是正值。这两种截然相反的处理方法，殊途同归，获得相当一致的结果。当然这一领域的研究工作还在蓬勃展开。但总的说来，玻耳兹曼所走

的道路得到了进一步的肯定，澄清了一些缺失的环节。在这里我们可以更清楚明了在第五章中推演玻耳兹曼方程所需的碰撞数假设的玄机，就在于已经隐含了随机性的动力学，或换言之，微观上的混沌。有两位科学家柯亨（E.G.D.Cohen）与加罗伏蒂（G.Gallovotti）据此就提出了具有普遍意义的"混沌假设"，作为非平衡态统计力学的基础，类似于过去玻耳兹曼提出的遍历假设作为平衡态统计力学的基础。虽则我们至今还无法确证实验室中的系统确实是遍历性的，但20世纪初吉布斯完成的系综理论为平衡态统计力学中具体问题的计算提供了相当完备的理论体系。当今许多科学家正在为建立非平衡态统计力学的普适理论在努力工作，而"混沌假设"有希望在这些理论中扮演"遍历假设"在平衡态理论中的角色。很显然只涉及熵守恒的平衡物理学是一个比较容易的问题，在1902年已由吉布斯比较完备地建立起来了。但是涉及熵增加并和不可逆性及耗散性相联系在一起的非平衡态统计物理学显然要困难得多。虽然经过20世纪中众多学者的努力，澄清了不少问题，已经提出了多种理论方案，但尚未融会贯通起来。完备的理论尚待建立。著名统计物理学家茹埃耳（D.Ruelle）于2004年所说的话：

　　　　我相信我们已经走上了理解非平衡态物理学的正确途

　径……

想来会得到多数学者的首肯。当然仍然有个别科学家对此持有异议。一个著名的例子就是普里戈金，他早年的工作以阐明非平衡态耗散结构而知名于世，并获得了诺贝尔奖。他后来倾向于否定玻耳兹曼两个层次的看法，即在可逆的微观动力学理论基础上来建立宏观不可逆的演化理论，普里戈金坚持微观动力学也应该是不可逆的，并提出一套取而代之的微观不可逆动力学理论，还在他的一些有影响的科普著作（如"从存在到演化"，"从混沌到有序"等）中宣扬这一观点。但是普里戈金的这种看法并没有成为科学界的共识，他提出的不可逆微观动力学理论也未获得实验的佐证。因此本书对此只好略而不论。

余音袅袅——物理学规律与不可逆性

剩下的问题就在于将热力学第二定律与由之而来的不可逆性和耗散性置于更加广阔的视野之中进行讨论。

现代科学表明物质结构存在一系列层次，大体上可以按典型单元的尺寸以及涉及的能量（或温度）来划分。我们生活在宏观世界这一层次，所接触物体的尺寸大体上处于微米与千米之间；涉及的温度，低到 10K 左右，高也不过几千 K。这是经典力学、经典电动力学和热力学所统辖的层次。下一个层次是微观的世界：其中最大的成员是分子，最长的聚合物分子可以达到微米的量级，而小分子则达到纳米的量级；其次是原子，尺寸在亚纳米量级；而由质子和中子组成的原子核则小达飞米（10^{-15} m）；而构成物质世界最小单元的基本粒子，其尺寸达到阿米（10^{-18} m）的量级。其中绝大多数成员都深埋在原子核之内，只有依靠高能加速器的轰击才能短暂地显露起迹象，或是处在宇宙大爆炸后的最初三分钟之内。当然，例外的是电子和光子，它们参与了结构的各个层次。另外一方面涉及硕大无朋的天体，从恒星，再到银河系，……一直到整个宇宙。这一结构层次可称为宇观的世界。这样，物理学大体上也可以分划为三大领域：即宏观物理学，微观物理学和宇观物理学。当然这三大领域也不是决然分开的，彼此也存在相互交叠、相互渗透的情况。总的说来，不管在那一个领域之内、那一个过程之中都要普遍遵循的、放之四海皆准、千秋万代不变、唯一的物理规律就是能量守恒定律。显然热力学第二定律无法与它并驾齐驱。它只能在宏观领域中称王称霸，在微观领域之中并没有它的地位。但是微观定律是熵增定律的基础，如何从时间反演对称性的微观动力学得出宏观的不可逆性，前面已经作了较详细的讨论。至于在宇观领域之内是否全面有效还是一个尚待澄清的问题。

第一个问题是涉及宏观领域其他物理学规律的问题：经典力学和经典电动力学（包括狭义相对论）的基本方程都是对时间反演具有对称性的。经典力学的具体问题又涉及可积性和不可积性的问题。前面已经讨论过不可积的动力学系统导致了随机性。至于可积的动力学系统，教科书中一些熟知的例子，诸如谐振子和万有引力作用下的两体问题，都是置身与热力学之外。例如将许多等同的谐振子作为一维链耦合起来，若是计算其热阻就会得出物理上荒谬的结果，即热阻并不渐近地与其长度成正比。

而经典的动力学系统大体上可分为两类：一类是可积的，另一类则是不可积的。物理学所津津乐道的是经典动力学中的可积问题，特别是那些运动方程的解可以用解析函数来表达的问题，例如谐振子、二体行星运动等。可积问题的运动轨道是稳定的，初始条件一经确定，运动状态就千秋万代持续下去，给人以绝对决定论的印象。一般的 $2N$ 自由度动力学系统可积问题，不一定能够用解析函数来表达，但存在 N 个积分不变量，因而可以将解表示为 N 个积分式，运动轨道被限止在 N 个不变环面上。但总的说来，可积的问题毕竟属少数，如汪洋大海中的几个孤岛；大量的问题当属不可积之列，前面几节都是着重讨论这方面的问题。现在反过来讨论有关可积问题方面的进展。到 20 世纪，由于物理学的主流转向微观世界，对于经典力学的残留问题没有给予足够的重视，而将它留给了工程师或数学家。1954 年，数学家柯尔莫果洛夫注意到介于可积和不可积问题之间的过渡区域（所谓弱不可积问题）的重要性，提出了有些出人意外的猜想：N 维的可积动力学系统如果受一微拢，将不会完全破坏原来轨道的稳定性，因而其轨道还基本停留在 N 个环面上，当然也会有某些无规或混沌式的轨道。这一猜想在 60 年代初为阿诺尔德与莫塞（J.Moser）严格证明，被称为 KAM 定理，为 20 世纪经典力学的一项重大成就。1955 年，费米（E.Fermi）与巴斯塔（J.Pasta），乌拉姆（S.W.Ulam），利用当时刚发展起来的电子计算机对于耦合的非谐振子系统进行了计算机"实验"。原来设想它将很快的热化，达到能量均分的状态。但实验结果却令人震惊，能量始终集中于少数模式，来回振荡，突出地表现出非遍历性的动力学行为。值得一提的是，费米本人在青年时代就在遍历理论方面进行过工作，到晚年电子计算机条件成熟后，重新回到这一领域，作为结束他硕果累累的科学生涯，又得出了这首天鹅之歌。他们的这一结果恰好和 KAM 定理吻合。当然，在这一类非遍历系统中，随着干扰、总能量或总粒子数的增大，会观测到向随机行为的转变。KAM 定理意味着在可积和不可积之间，存在有一个近可积的过渡区。在这一区域内有可能观察到接近于宏观尺寸的多粒子系统中的非热力学行为。过去人们企图在热力学系统之中去设想第二类永动机而惨遭灭顶之灾，也是不足为奇的。因为这实际上是缘木求鱼，路子走得不对头。鱼总是应该到河（即不遵循热力学规律的系统）里去寻找。存在有一些体现了经典动力学解析解的体系，例如封闭在超导谐振腔中的电磁波，这一类系统并不受热力学规律的约束。但是要实际利用这类系统的能量必须要解决不同系统的耦合问题，也涉及不同过程的弛豫时间的问题，即如何推迟热平衡的来到。这也是这类系统在技术中能否应用的关键。但是人们早已知道可积动力学系统所体现的非热力学系统，诸如谐振子、太阳系中的行星等。KAM 定理对于可积动力学系统作了适度的推广，确认一些近可积的动力学也可以存在非热力学的行为，也可能有些技术上的应用。但分子热运动的干扰和环境的干扰始终是存在的。进一步的干扰往往会将原来环面上的轨道破坏无遗，转化为随机性占优势的混沌动力学系统。这样，就从非热力学系统逐渐转化为热力学系统。

经典电动力学的麦克斯韦方程也对时间反演具有对称性，但也存在一些特殊情况，时间反演对称性遭受破坏。诸如磁场对电子回旋运动的影响、铁磁体这类磁有序结构等。这些特例显然不是自然界不可逆性的根源。昂萨格在论证不可逆的输运现象中的系数存在倒易关系，曾采用了时间反演对称性作为前提。如果这种对称性遭受破坏又将如何呢？结果只是原来输运系数的对称性改为反对称性，即系数的符号从正变为负，但并不影响不可逆输运现象的大局。

狭义相对论非常重视时间的概念，它的一个重要贡献在于破除了牛顿力学中的绝对化的时间，取而代之的是依赖于观察者所处的参考系的相对时间。空间和时间不再是相互独立、各不相干的，而是不可分割地融合为四维的空-时。但是不可逆性在狭义相对论中并无地位，时间仍被认为是对称的，过去和未来在原则上没有差别。

关于微观动力学问题，前面几节讨论的还是经典粒子所遵循的动力学规律。这样做是有道理的：我们在第八章中已经讨论过量子简并温度 T_0 的概念，从常温到液氦温度，通常的气体、液体和固体中的原子都在 T_0 以上，可以理所当然采用经典动力学来描述其大尺度的动力学行为，唯一的例外是液氦这种量子流体。所以前面主要只考虑微观经典动力学，也就足够了。当然微观世界规律的柱石还是量子力学，光子遵循玻色-爱因斯坦统计，金属中的电子遵循费米-狄拉克统计。

量子力学的情况又如何呢？按照海森堡的不确定关系，量子力学只能对现象给出概率论式的描述。但在量子力学中关于系统的全部信息蕴含于波函数 φ 之中，而 φ 必须满足一个二阶线性的偏微分方程，即薛定谔方程。这一方程完全是决定论式的，而且对时间反演是对称的，当 $t \rightarrow -t$，$\varphi \rightarrow \varphi^*$。对于一个具体事件，例如原子发射光子，只能计算其出现的概率，而粒子在两个能级上的不对称占据也是跃迁概率具有时间对称性的结果。相对论量子力学中的狄拉克方程也遵循了时间反演的对称性。因而时间在量子力学理论中，并没有扮演新的角色，即在这一点上与经典力学并无分歧。在基本粒子的规律之中，一般地，对时间反演同样具有对称性，唯一的例外是 1964 年发现的 K^0 衰变中的 CP 不守恒。由于 C（电荷共轭），P（宇称或空间反演）与 T（时间反演）三算符的乘积被认为是守恒量，CP 不守恒，就意味着时间反演的不对称性。但这一类事例是否蕴含有普遍意义，还不十分清楚。但是鉴于隐藏于深层次中的基本粒子规律，对宏观世界的物理现象几乎不产生任何影响，我们大致可以推断它不可能是宏观世界不可逆性的物理基础。

广义相对论的基本物理思路原本并没有涉及破坏时间反演对称性这一问题。但在将广义相对论应用于宇宙学问题上却出现了一些特殊的情况。1917 年爱因斯坦用广义相对论的结果来研究宇宙的时空结构，可以说是宇宙学理论的开山之作，当时为了使宇宙中的物质保持准静态的分布，在引力场中引入了一个未知的普适常数（宇宙常数）。1922 年前苏联物理学家弗里德曼认为引入宇宙常数是多余的，即从爱因斯坦的原始结果就可导出膨胀的宇宙模型。随后获得不少观测结果的佐证，从而形成了宇宙学的标准模型。1931 年爱因斯坦还公开声明撤回了宇宙常数，并认为这是他一生之中最大的失误。根据大爆炸的标准模型，宇宙在其产生之后的一瞬间处于极高温的原始火球态，设想为光子、电子、质子等组成的均匀气体。这事实上是一种平衡态，但受限于非常小的体积内的平衡态。随后空间迅速膨胀，用统计理论来考虑，这就相当于相空间体积急骤地增大，因而熵也作相应的增长。这样开始的宇宙膨胀，显然与热力学的熵恒增的规律是吻合的。

随后，均匀分布的气体将受引力的作用趋向于团聚，从而形成恒星与星系。这就表明天体的演化过程与我们在地面上常见过程存在明显的差别。这主要表现在天体演化过程之中，按距离平方衰减的长程引力场起了突出的作用。如果将地球上常见的气体的扩散过程和天体中恒星产生和演化作一对比，很耐人寻味。通常气体都集中在一个角落时，处于低熵态；当通过扩散过程而均匀分布在整个空间时，成为高熵态；但在长程的引力起主导作用时，这一切全部颠倒过来了。在这种情况，均匀分布的气体反而是非平衡低熵态，演化的结果是形成温度甚高的团聚态，这倒是高熵态（参阅图10.14）。这是形成恒星的重要机制，与热力学熵恒增规律也是协调的。恒星的演化过程也进一步显示了引力的效应。大量的恒星会由于引力收缩为白矮星、中子星和黑洞。黑洞是某些恒星引力崩塌的最终产物。它首先是理论物理学家根据广义相对论所作出的令人惊讶的理论猜测：有些恒星在引力崩塌之后，物质的时空曲率变得如此之大，甚至于光都无法逸出。由于不会发光，就被称为黑洞。随后才从天文观测中获得它存在的间接证据。霍金（S.Hawking）等科学家致力于黑洞热力学的研究，通过理论计算得出黑洞的熵和它表面积成正比，也和它的质量的平方成正比，从而断定黑洞是一种熵值特高的高熵态。

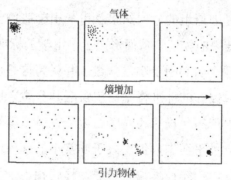

图 10.14　地面上的气体与宇宙间的气体演化规律的比照

　　许多宇宙学和天体物理的研究，经常是理论先行，然后方始获得观测的佐证。膨胀的宇宙、中子星、黑洞、……，均是如此。但观测结果又反过来对理论加以修正和制约。例如关于宇宙常数是否存在的问题也曾数起数落，跌宕起伏。新近获得的一些观测结果表明：宇宙膨胀速率在加速。这和弗里德曼及随后发展起来的多种宇宙膨胀模型不相符合了。这些理论都预言宇宙膨胀应该减速而非加速。一般而言，实物（有质量的）粒子所构成的物质产生引力，无质量的辐射（通常为能量）则会产生斥力。当今宇宙学观测结果表明了：宇宙间存在大量的暗物质与暗能量。而暗能量总量甚大，约占宇宙的三分之二（其余三分之一为有质量粒子所构成的亮与暗物质的总和），产生了强大的宇宙斥力，从而造成宇宙膨胀的加速。这导致科学家又重新将宇宙常数引入了宇宙学的理论，用以解释这一问题。当初爱因斯坦引入宇宙常数是为了获得一个准稳态的宇宙，而现在引入的动机正好相反，是为了获得一个加速膨胀的宇宙。但在谋求理论符合观测结果这一点上，却是完全一致的。当今正是宇宙学研究极其活跃的阶段，理论与观测齐头并进，取得了不少重要的结果。但也应注意到，有许多理论，尚停留在猜测性的阶段，尽管其数学非常精巧漂亮，但还缺乏实测的佐证。

综上所述，物理学界大体上会同意彭罗斯（R.Penrose）的说法：

在局域范围内，物理学定律都具有时间对称性，但在宏观尺度上却呈现了时间的不对称性。

至于有关宇观尺度上的问题，也存在某种时间的不对称性。但有不少问题尚待进一步的探索研究和推敲。

诚然，围绕着"熵"，它的复杂性、丰富的内涵、概念的演绎、适用的范围、在新科技领域中的应用……研究和讨论还会持续下去，将始终是一个大家关注的话题。"岁月如何消逝，生活如何改变，所有的事物如何飘浮于时光的溪流而消失"——现代英国作家史密斯（L.P.Smith）在他的《最后的话》中的这段感叹，正好构成了《熵》的主题，它将永远具有现实意义。

后　记

　　1978 年 8 月，在庐山迎来了物理学会年会的召开，这是中断了 15 年后的一次年会，也是"文化大革命"后全国第一个大型学术性会议的举行。会议期间，在中国物理学会和科学出版社的共同组织下，成立了"物理学基础知识丛书"编委会。经过会前会上的反复讨论，确定了丛书编写的宗旨是以高级科普的形式介绍现代物理学的基础知识以及物理学的最新发展，要求题材新颖、风格多样，以说透物理意义为主，少用数学公式；文风上要求做到深入浅出、引人入胜，文中配置情景漫画插图。供具有大学理工科（至少具有高中以上）文化程度的读者阅读。

　　编委会还进行了选题规划、讨论了作者人选并明确了责任编委负责制等许多重大议题，为丛书的系统运作形成了一个正确可行的模式。

　　在此以后的几年中（20 世纪 80 年代），经过编委会、作者及出版社的努力丛书共出版了 19 种。到了 90 年代，丛书又列选了一批优秀物理学家的作品，但由于种种原因，大部分未能按计划交稿出版，如《四种相互作用》、《加速器》、《波和粒子》、《宇宙线》、《表面物理》、《表面声波》等。1992 年，为纪念物理学会成立 60 周年，我们第二次组织丛书编委会，将丛书中获中国物理学会优秀科普书奖的几种和新版的几种整合了 10 个品种，仍以"物理学基础知识丛书"的名义出版，使它得到了一个小小的复苏。因此，1978～1992 年间两次出版的"物理学基础知识丛书"共计 22 种。

　　"物理学基础知识丛书"在中外物理界产生了很好的影响。整套丛书获物理学会优秀科普丛书奖，其中 8 种获优秀科普书奖；《从牛顿定律到爱因斯坦相对论》、《漫谈物理学和计算机》、《宇宙的创生》三书有繁体字版；《宇宙的创生》有英文和法文版；《漫谈物理学和计算机》获全国第三届科普优秀图书一等奖。有些书、有些章节已成为年轻学子心中的经典。

　　它的成绩是与许多物理界的人紧密相关的。严济慈、钱三强、陆学善、钱临照、周培源、谢希德等老一辈物理学家对这套书，从多方面进行了支持。忘不了陆学善老先生在 1978 年暑热的天气，颤颤巍巍地拄着拐杖从家中走到物理所开会的情景，始终记得他曾说过的一句话："不要用我们已有的知识去轻易否定我们未知的东西。"

　　"物理学基础知识丛书"的编委和作者是一支十分杰出的队伍。记得一次物理学会的常务理事会在物理所举行工作会议，会上，物理学会要成立"科普委员会"，在讨论人选时，王竹溪先生指着"物理学基础知识丛书"编委会的名单说："这些人组成科普委员会正好。"之后。果真物理学会科普委员会的大部分成员都是"物理学基础知识丛书"编委会的编委，而主编褚圣麟成为第一届科普委员会的主任。"物理学基础知识丛书"的编委和作者前后约 50 余人，粗略统计一下，其中学部委员（院士）7 人，大学校长 3 人，科学院级所长 2 人，大学物理系主任 5 名，副主编吴家玮和《超流体》的作者是美籍华人。编委或作者，他们所作的工作都是艰苦的。编委亲自推荐作者、参与组稿、和作者一起讨论撰稿提纲，每位编委都要专门负责几部书稿，详细审查书稿，写下书面审稿意见，跟作者面对面地讨论书稿。丛书的副主编吴家玮虽然人在国外，但工作却是认真又出色，他在美国华人物理学家里为丛书组稿，他作为责任编委对自己负责的稿件《超导体》所写的几次审稿意见就达一万多字。副主编汪容承担了当时丛书进展的主要环节，他策划选题、物色作者，带着编辑组稿，真是全身心地投入。20 世纪 80 年代，几乎每一次全国性大型物理学会议的间隙和晚上都是我们编委会的编务工作之时。值得提及的是，编委们所做的这些工作都是没有报酬的，那时也没有人有过意见，尽管要耗费许多精力和时间，他们仍是任劳任怨、乐此不疲。当时学术界对做科普甚至是蔑视的。物理学家李荫远先生在1988年为《相变和临界现象》写过一份评奖的推荐就是佐证：

"……该书为精心撰写的入门性著作，又是高级科普读物，同类型的在国际出版界实不多见。因为，写这样的书下笔前要在大量的文献中斟酌取舍，下笔时为读者设想，行文又要推敲，很费时间；同时还不能算作自己的研究成果，我认为对这样的书写得好的应予以嘉奖。"

"科普著作不算研究成果"这是人所共知的。丛书中有几位学部委员接受了我们的约稿，那是他们自己对写科普有兴趣有能力，他们并不介意算不算成绩。但是，"不算成绩"对大部分编委和作者的确是形成了压力造成了障碍的。

对作者而言，写出一部高级科普并不比写一部专著更省力。那时编委会做出了一个不成文的规定，就是每部书稿成文之前，务必要有一个表现过程，最好是到读者对象——理科大学生中间去讲一讲，以此来了解读者的需要，检验内容的深浅。这样一来，我们的作者，在大学的讲台上，在国内的讲学过程中，在出国进行学术交流活动中，都完全地将自己要完成的科普著作与科研教学工作联系起来了。

作为责任编辑，我有幸参与了"物理学基础知识丛书"多次的"表现过程"。我曾聆听过许多作者和编委对他们书稿的诠释。几十年来的愉快合作，我和他们中的许多人成了相知相敬的好朋友，使我终身受益无穷。当丛书的发展受阻，我面临重重困难失去信心时，总有他们的帮助和鼓励，这才有了1992年"物理学基础知识丛书"第二次10本的推出。

20世纪90年代后期，国内许多出版社大量翻译引进国外系列高级科普读物，科学院对科普读物的重视程度也不可同日而语了。在一些传媒举行的著名科学家座谈会上，百名科学家推荐的优秀科普读物中，"物理学基础知识丛书"中的多种跃然纸上……今天，重视科普的大环境，又让老树开出了新花，"物理学基础知识丛书"中 5 种得以修订再版。我们也期待着丛书中其他同样优秀、值得再版的书早日与读者见面。

20 几年过去，科学和技术翻天覆地地改变了世界，信息世界中有了计算机，丛书中《漫谈物理学和计算机》中的许多预言都已变成了现实。一些关注"物理学基础知识丛书"的老一辈物理学家已永远离开了我们，当年"物理学基础知识丛书"的作者和编委，现在大都还奋战在物理学前线或以物理为基础进军高科技研究。借2005世界物理年的契机，我们将新的丛书名定为"物理改变世界"。自1905年至今，爱因斯坦所做出的理论和物理学的其他成就，无疑已经彻底改变了人类的生产和生活，改变了整个世界。推出这套书是对世界物理年全球纪念活动的积极响应，也是"物理学基础知识丛书"全体编委和作者合作推动我国科普事业而进行的又一次奉献！我们希望这套书能在唤起公众对物理的热情上起到一点作用，并以此呼唤、回答和感谢"物理学基础知识丛书"的所有编委和作者，期望"物理改变世界"能得到延续和发展。

姜淑华

2005 年 5 月 4 日

附：

"物理学基础知识丛书"

1981～1989 年出版 19 种（按出版时间次序排列）

1. 从牛顿定律到爱因斯坦相对论　2. 受控核聚变

3. 超导体　　　　　　　　　　　4. 超流体

5. 等离子体物理　　　　　　　　6. 环境声学

7. 相变和临界现象　　　　　　　8. 物态

9. 从电子到夸克——粒子物理　　10. 原子核

11. 能　　　　　　　　　　　　　12. 从法拉第到麦克斯韦

13. 半导体　　　　　　　　　　　14. 从波动光学到信息光学

15. 共振　　　　　　　　　　　　16. 神秘的宇宙

17. 宇宙的创生　　　　　　　　　18. 漫谈物理学和计算机

19. 物理实验史话

"物理学基础知识丛书"编委会

主　编　褚圣麟

副主编　马大猷　王治梁　周世勋　吴家玮(美)　汪　容

编　委　王殖东　陆　埮　陈佳圭　李国栋　汪世清　赵凯华

　　　　赵静安　俞文海　钱　玄　薛玉友　潘桢镛

"物理学基础知识丛书"再版

1992年庆祝物理学会成立60周年再版7种，新版3种、共10种

1. 超导体　　　　　　　　　　2. 环境声学
3. 相变和临界现象　　　　　　4. 物态
5. 从电子到夸克——粒子物理　6. 从法拉第到麦克斯韦
7. 从波动光学到信息光学　　　8. 漫谈物理学和计算机
9. 晶体世界　　　　　　　　　10. 熵

"物理学基础知识丛书"第二届编委会

主　编　马大猷
副主编　吴家玮(美)　汪　容
编　委　王殖东　陆　埮　冯　端　杜东生　陈佳圭　赵凯华
　　　　赵静安　俞文海　潘桢镛　张元仲　姜淑华

"物理改变世界"

2005年为世界物理年而出版

数字文明：物理学和计算机　郝柏林　张淑誉　著
边缘奇迹：相变和临界现象　于　渌　郝柏林　陈晓松　著
物质探微：从电子到夸克　　陆　埮　罗辽复　著
超越自由：神奇的超导体　　章立源　著
溯源探幽：熵的世界　　　　冯　端　冯少彤　著